Complejamente
simple
la
GRATITUD

Agradecerás ser agradecido

Complejamente
simple

la

GRATITUD

Agradecerás ser agradecido

Eugenio Riego Gómez

Complejamente simple: la gratitud
Agradecerás ser agradecido

© 2023 **Eugenio Riego Gómez**

Edición y coordinación: Gilda Moreno Manzur
Diseño editorial: Guadalupe Pacheco Marcos
Diagramación y formación: Yessenia Hernández Cruz
y Diana Hernández Cerón
Portada: Abigail Velasco Rodríguez

Primera edición: octubre 2023

Impreso en México / *Printed in Mexico*

Índice

Gracias

Curioso ¿no lo crees? Curioso que la gran mayoría de las obras literarias contengan una sección específica agradeciendo a personas, a quienes el autor considera pertinente mencionar ya que sin ellas todo este trabajo duro no sería posible. Desde novelas trascendentales hasta los más modestos escritos independientes. Desde Dostoievski y D. R. Hofstadter hasta esos autores de los que pocos han escuchado, incluido su servidor. Es bueno reconocer a esos individuos que hacen la diferencia en nuestra vida y nos permiten alcanzar metas nuevas. Este reconocimiento lo dedico a las personas a quienes les agradezco que estén en mi vida. Aquí nos comparten algunas cosas que ellas mismas agradecen.

- Mi salud (Mamá).
- Mi familia (Papá).
- Mi cuerpo que me permite acercarme, sentir, explorar y experimentar la vida (Ale).

- Familia, el soporte que me brindan. Salud y estabilidad económica, tengo mucho más de lo que necesito (Juanma).

- Toda mi familia (Abuela).

- Mis seres queridos (Rafa).

- Hoy estoy agradecida porque sé que cada día que despierto es un regalo, una nueva oportunidad para ser la persona que quiero ser y vivir en abundancia (Fer L.).

- La gente que me rodea (Julene).

- Mi salud (Johanna).

- La resiliencia con la que me criaron. Mi familia, que, pase lo que pase, me ama, me apoya, me acompaña y no me deja solo. Ellos están para mí y yo siempre voy a estar para ellos. Me dan un sentido de pertenencia que me hace sentir valorado y amado (Toño).

- Poder disfrutar la vida al lado de la gente que quiero y crecer día con día. También, las oportunidades y los retos que puedan presentarse y estar siempre listo para seguir adelante (Manolo).

- Tu amistad <3 (Casilda).

- Mi sobriedad, familia, amigos y salud (Haces).

- La gente que me rodea (Juani).

- Que nunca me ha faltado nada (Santiago L.).

- La salud y los afectos (Luis).

- Saber amar y ser amada (Pili).

- Tener salud, estar vivo y tener a mi familia y amigos (René).

- El privilegio de vivir (Alexis).

- Tener salud (Tamara).

- Mi familia y mis amigos (Xime).

- Mi bienestar (Paula).

- Mis amigos (Pato).

- Mi familia (Ana y San).

- Gente cercana (Fran).

- La música (Matías).

- Salud (Rubén).

- Mis seres queridos (Borja).

- Poder estudiar en la universidad (Javier).

- Tener una familia unida y sana (Sebas).

- Mis hijos (Andrea).

- Mis seres queridos (familia y amigos), salud, viajar, comer, surfear, el mar, dedicarme a lo que me gusta y poder vivir de ello, reírme mucho y divertirme con tonterías (Ernesto).

- Mi novio (Alessa).

- Mi familia (Cristina).

Tú, ¿a quiénes les agradeces que estén en tu vida?

Acerca del autor...

Los cánones editoriales sugieren que escriba una introducción sobre mí para que, de alguna forma, demuestre por qué tengo la "autoridad" de expresar las ideas que este libro contiene. Yo, quien por falta de popularidad escribo mi propio prólogo, debo hablar de autoridad. Ciertamente, no sé si la tenga; lo que sí sé es que me he esforzado mucho en este trabajo para que tú puedas disfrutarlo.

En estas páginas intentaré transmitir, dentro de mis capacidades, una serie de mensajes orientados a dar sentido a mi forma de ver el mundo. Te contaré algunas experiencias de vida que me forjaron como ser humano y expondré el camino que me trajo hasta aquí, para así sentar las bases de lo que más adelante encontrarás, todo ello para tu provecho.

Los últimos cinco años los dediqué principalmente a estudiar física y administración empresarial. Con la ayuda de un gran número de textos teológicos, filosóficos y existencialistas, logré complementar múltiples aprendizajes y conclusiones que a continuación presento. En un principio, este texto era únicamente para mí y su fin era organizar la información que circulaba en mi mente sin orden alguno. Y es que las ideas, si no son concluyentes y estructuradas, se olvidan con el tiempo; si no son útiles o prácticas, acaban por ser reemplazadas o arrinconadas en los archivos mentales y su lugar lo ocupan las series de vikingos o de zombis. Por otra parte, al extraerlas del mundo abstracto, poco a poco tomaban forma y sentido en el papel.

Después de mucho análisis, vueltas y rodeos, comencé a encontrar puntos que coincidían entre sí. En este proceso introspectivo identifiqué ciertos pilares que podrían impactar mi vida por completo. Una forma de pensar puede cambiar el curso de una vida, como si fuera magia. Realmente son solo ideas y todo está en nuestra mente y en cómo la dirigimos.

Una vez que ese cúmulo de ideas se concretaron y adquirieron un sentido práctico, las puse en marcha y no he tenido que arrepentirme de ello. De hecho, si dialogara con el Eugenio de cinco años atrás, además de agradecerle por haber tomado todas esas buenas —y malas— decisiones, le compartiría todo lo que escribo en este libro. Como no puedo hacer eso, decidí intentar ahorrarte a ti algunas incomodidades a este respecto y compartir contigo no solo información muy interesante, sino también razones para crecer y sonreír.

Con esta breve introducción sobre la mesa, prosigo con la narración de mi propia inauguración de vida.

¿Por qué?

A mis 23 años decidí escribir este libro. Pero ¿por qué ahora? Sinceramente, esta edad es confusa, todos los que la hemos atravesado lo sabemos. Sin embargo, los adultos mayores suelen estar de acuerdo en que esta etapa, caracterizada por la incertidumbre, la búsqueda de respuestas, el surgimiento de la autoconciencia, los descubrimientos, fracasos y aventuras, es una de las mejores de la vida.

Todo es una posibilidad abstracta, hay un mundo inconmensurable por delante. Al ir en pos de la estabilidad se nos olvida disfrutar la inestabilidad, un ingrediente clave en toda historia de éxito. ¿Qué mejor sentimiento para caer en cuenta de que estamos viviendo una aventura de exploración que el miedo a lo desconocido? En mi caso, si bien por mucho tiempo permití que ese miedo me paralizara, hoy es mi mayor inspiración.

Estuve cerca de la muerte cuando aún no nacía... El hombre que me recibió en este mundo fue el enfermero, ya que el médico a cargo estaba celebrando el día de los Reyes Magos con su familia. Sobreviví a un parto de casi 12 horas en el que, sin comprenderlo, por más que él me jalaba, más difícil resultaba sacarme. Un parto que se extendió medio día porque el cordón umbilical, enredado en mi cuello, me asfixiaba cada vez más con cada tirón.

Cuando el personal se dio cuenta de lo que sucedía, logró salvarme la vida. Según el relato de mis hermanos, nunca habían visto a un bebé tan feo y tan morado.

Reforzando...

Otto Rank, un reconocido psicoanalista austriaco, desarrolló una interesante teoría en la que explica que nacer es una experiencia traumática; bueno, ¡imagina mi trauma! Aun así, nosotros decidimos si las experiencias adversas se convierten en excusas o en alimento motivacional. Incluso este libro tuvo su elemento traumático: cuando había escrito más del 50%, accidentalmente borré todo ese contenido. Sin embargo, seguí adelante, decidido a acabarlo y a que leyeras esta narración de que lo borré y continué. Sabía que sería más gratificante acabarlo y escribir esto, que rendirme.

En retrospectiva, es intrigante pensar que aquello que estuvo cerca de quitarme la vida, fue precisamente lo que me había permitido vivir. Ese cordón umbilical me alimentó y nutrió por nueve meses, hasta que llegó el día de separarme de él. Y ese día, como una pareja tóxica, decidió aferrarse a mí hasta casi asfixiarme. Por fortuna, logré abandonarlo.

Hablemos del miedo

Hace no mucho tiempo desarrollé un miedo profundo a morir. No lo sé bien a bien, pero supongo que muchos pasamos por ahí. Tan solo pensarlo me consumía y me hacía sufrir en silencio. Por esta y otras razones, decidí estudiar física, leer sobre teología, explorar el existencialismo y adentrarme en la filosofía. Quería respuestas sobre el sentido de la vida humana. Deseaba entender de qué se trataba todo esto. Eso sí, no recomiendo leer a filósofos alemanes a los 19 años de edad, ¡no son particularmente optimistas! En fin, esa búsqueda de razón, de sentido, parecía muy ardua. Hasta que recordé esta historia, mi historia. Me pregunté: ¿por qué he de desperdiciar esta oportunidad de la que casi fui privado, lamentando algo que inevitablemente sucederá? ¿Por qué no agradecer que soy y no lamentar que un día no seré? La muerte es inevitable, no pienso dedicar mi tiempo ni mi energía a sufrir por ella. Nada puedo hacer para esquivarla y, en consecuencia, lo mejor es aceptarla. Aplacé su llegada gracias a la ayuda de otros, por ellos tuve una segunda oportunidad de existir y, como mi cordón umbilical algún día lo fue, ahora la muerte es mi mayor fuente de vida. Hacer lo mejor de esta oportunidad, porque se lo debo a ese valiente bebé. Mi ansiedad se ha convertido en inspiración. Como veremos en el primer capítulo del libro, saber que algo es temporal nos permite apreciarlo más.

Lo que me ha salvado de muchas caídas es la gratitud. En esos días malos me recuerdo a mí mismo: "¿Sabes?, estuviste a un paso de no estar aquí ahora". Si recuerdas cuán bien se siente el ser humano al respirar, pensar, ver, sentir, querer, oler y gozar de todo aquello que parece insignificante, verás que no todo está tan mal. Agradecer simplemente el hecho de estar en este sitio, experimentando la vida —buena o mala— es mi mayor consuelo. Aprovecharla es una gran labor y, a mi parecer, el mayor provecho proviene de construir nuestras virtudes y amar a las personas con quienes decidimos compartirla. Nuestras virtudes viven en nuestro interior y solo a nosotros mismos nos corresponde construirlas, reforzarlas o menoscabarlas.

Cuando el miedo surge, una manera de afrontarlo es preguntarte ¿de qué tienes miedo realmente? ¿De no ser X o no ser como Y? ¿De algo que aún ni siquiera sucede? Esa raíz muchas veces son temores injustificados, aunque se entien-

de que temamos perder todo lo que tenemos ahora y pensemos "No valoré lo que ya estaba en mi vida, no lo aproveché el tiempo que duró". El miedo injustificado se alimenta de nuestra concentración en cosas que no tenemos, en el vacío. Si te enfocas en lo que no tienes o en lo que puedes perder, lo único que sentirás es que te faltan cosas. En cambio, si agradeces lo que sí tienes, tus sentimientos te llenarán de satisfacción emocional y física. Así, el miedo se convertirá en una opción, no en una consecuencia.

Presentación

La gratitud es y siempre será mi forma de ver el mundo, ya que me ayuda a construir y actuar con coraje, sabiduría, justicia y templanza, virtudes que considero esenciales para una buena vida. Este tema, la gratitud, permitió entrecruzar diversos temas de gran interés para mí —ciencia, teología, filosofía, física, tecnología, historia y existencialismo—, procurando tratarlos de modo que resulten útiles para todas las edades. Nunca estará de más ayudar a otro ser humano a valorar todo lo bueno que hay en su vida y que quizás haya olvidado.

Este libro de desarrollo personal —contemplado desde diversas perspectivas— tiene como objetivo compartir esa idea y percibir cuán increíble es vivir cuando ves el mundo así. ¿Qué mejor forma de transmitir estas ideas que a la espera de que algo —lo que sea— le ayude a alguien a tener un mejor día? En ese momento el libro habrá cumplido su objetivo.

Es perjudicial creer que tenemos el derecho a desperdiciar la vida, a convencernos de que la vida de otros es mejor, a caer ante las trampas de nuestros propios pensamientos y debilidades. En los siguientes capítulos busco encapsular cómo la gratitud me ha ayudado innumerables veces, con la intención de que haga lo mismo por ti. Tenemos a nuestro alcance múltiples herramientas para optimizar nuestra vida, para crecer en el ámbito personal y acceder a una mejor versión de nosotros mismos. Todo empieza en la mente, en nuestra visualización del mundo. Aprovecha los conceptos que aquí leerás, salpicados de datos que confío en que no solo te sean útiles, sino que resulten intrigantes para ti. Al llegar al final sabrás de una vez por todas el verdadero significado de la gratitud.

Guía para el lector

En esta guía presento un breve vistazo, una pequeña probada, de las ideas expuestas en los distintos capítulos.

Capítulo 1, Gratitud. Buscar felicidad es un común denominador en la vida de todo ser humano y una vía fenomenal para alcanzarla es la gratitud. Pero ¿cómo podemos realmente aprovecharla? En este capítulo se abordan este tema y los contrastes que surgen al intentar obtener el mayor beneficio de esta mentalidad. Vivir implica balancear lo bueno y lo malo, encarar altibajos, y la gratitud nos permite amortiguar las caídas y disfrutar plenamente la gloria. La relación que se establece entre aparatos como el electrocardiógrafo, relatos de *La Odisea*, la película *Troya* e incluso la historia de un jardinero japonés, será de gran ayuda para resaltar esta idea.

Capítulo 2, Una grata existencia. Si estamos dispuestos a dedicar un par de minutos para sentirnos sumamente especiales y afortunados, no dudemos en adentrarnos en este análisis matemático. En un universo tan extraño como el nuestro, suceden cosas que nos resultan extremadamente difíciles de asimilar y, como se señala en este capítulo, nosotros, nuestra probabilidad individual de estar aquí, es una de ellas. Siempre hay algo que agradecer y no te quedará duda de ello.

Capítulo 3, Grata envidia. La envidia es un sentimiento natural en la vida de la mayoría de las personas y puede consumirlas y corromperlas. Después de leer este capítulo te parecerá absurdo desear lo que otros poseen pues en él demostramos, con la ayuda de proyectos como *Biosfera 2* y *Apolo*, que realmente somos nosotros quienes deberíamos ser envidiados en la más grande de las escalas, la escala universal.

Capítulo 4, Gracias conciencia. La conciencia humana, por más compleja que sea, es un atributo de la divinidad. Esos momentos de lucidez, reflexión y elaboración de preguntas profundas, en los que se cobra conciencia, han guiado a la humanidad durante miles de años. ¿Por qué preguntamos cosas? (incluyendo esa pregunta...) ¿Cuál es la relación entre las preguntas y la gratitud? ¿En qué se parecían Isaac Newton y un nómada perdido en Noruega hace cientos de años? En este capítulo respondemos esta pregunta tan curiosa y más aunque, por supuesto, dejaremos espacio para otras nuevas y mejores.

Capítulo 5, Gracias con ciencia. La gratitud es más que una idea bohemia que postule "amor y paz, hermano cósmico". Aquí veremos claramente que no carece de evidencia empírica y mucho menos de evidencia científica, por lo que los escépticos pueden tomarla en serio. Estudios rigurosos de múltiples instituciones respaldan su manifestación psicológica, física y social.

Capítulo 6, Ingratitud. ¿Qué tiene que ver una partícula elemental con ser mal agradecido? Su similitud inaugura el capítulo y nos permite desarrollar el concepto ingratitud. Esta desafección es altamente problemática cuando vivimos en sociedad. Como ejemplo incluimos el breve relato sobre tres diferentes individuos en un desierto y algunas menciones encontradas en textos como la Santa Biblia. Asimismo, exponemos conductas que nos permitirán identificar esta clase de comportamiento. Sin embargo, utilizando la relación establecida en un inicio, veremos qué podemos hacer para confrontar y prevenir esta forma de actuar.

Capítulo 7, Gratos pensamientos. Aquí abordamos el flujo de pensamientos que predominan en nuestra mente. Al plantearnos preguntas como: ¿Cuán importantes son? ¿Cómo nos afectan?, encontraremos cómo usarlos para nuestro beneficio. Este será el primer paso para cobrar mayor conciencia, para prestar atención, para conocernos, meditar y relajarnos con ayuda de la gratitud. Así lograremos imponernos un enfoque propio y podremos poner en marcha un flujo constructivo de ideas y pensamientos.

Capítulo 8, Rodeados de gratitud. Con ayuda de una tecnología que usamos todos los días, guiaremos una reflexión para ejemplificar cómo la gratitud puede estar presente en todo lo que hacemos, vemos y utilizamos. Uniendo el pasado, el presente y el futuro, demostramos que esos avances tecnológicos pueden servir para meditar y aprender sobre el mundo que nos rodea.

Capítulo 9, El propósito más gratificante. En este capítulo analizaremos detalladamente los conceptos expuestos en los dos capítulos anteriores. Ha llegado el momento de ponerlos a prueba e incorporarlos en nuestro núcleo cerebral para vivir con mayor sentido. ¿Cuál es el papel de la gratitud en tan compleja tarea? ¿Qué tienen que ver Michael Jackson y Gandhi con todo esto? Hablaremos de ángeles y demonios para que nuestros días y esfuerzos tengan una profunda razón de ser.

Capítulo 10, Agradeciendo la adversidad. Los días malos son parte de la vida tanto como los buenos. Aquí exploraremos de nuevo la idea con la que inició este libro: cómo sobrellevar la adversidad natural, cómo evitar que nos golpee con fuerza y por cuál otra razón podemos agradecer incluso esos golpes. Puntos importantes de este capítulo son ¿cuál es la ecuación que compone la historia de un héroe? y la propuesta de una reflexión de cuatro pasos para analizar nuestros problemas.

Capítulo 11, Relaciones gratas. La gratitud es un puente que une a las personas, y dar y recibir reconocimiento es esencial en la interacción humana saludable. Además de los múltiples beneficios personales que esta forma de pensar conlleva, veremos cuán relevante puede ser para la conexión con quienes nos rodean. La mejor vía para construir relaciones es partir de reconocer los esfuerzos que otros hacen y los que nosotros hacemos por los demás.

Capítulo 12, Perdón a gracias. Perdón por hacerte leer esto. Gracias por tomarte el tiempo de leer esto. Una manera muy diferente de abordar ideas tan similares, ¿no es así? Pareciera que una mira hacia abajo al decirlo y la segunda te mira fijamente. En este capítulo estudiamos el extenso uso de disculpas que en su mayoría son innecesarias y proponemos cómo reemplazarlas adecuadamente.

Capítulo 13, La pequeña estrella. Contestemos la siguiente pregunta: "¿Con qué persona pasamos más tiempo?" La respuesta no es un amigo, nuestra pareja, nuestro colaborador y, lamentablemente, tampoco es nuestro personaje favorito de la serie que más vemos. No pasamos ni pasaremos más tiempo con nadie que con nosotros mismos. Aprendamos a convivir con nuestro ser interior, a conocer sus aspectos buenos y malos, para así aprovechar al máximo aquello en lo que sí vale la pena invertir tiempo y energía. Desarrollamos un concepto que facilita esta labor llamado "Cara o cruz". Recurriendo una vez más a la gratitud, expondremos cuán poderosa puede ser la perspectiva.

Introducción

¿Qué significa actuar con gratitud, ser agradecido?

Vale la pena resaltar que ser agradecido no es lo mismo que ser conformista. No hablamos de conformarnos con lo que somos o lo que tenemos; se trata, sencillamente, de apreciarlo para que construyamos más y mejores cosas dentro y fuera de nosotros a partir de una base muy sólida. En un mundo lleno de deseo olvidamos ver todo lo bueno que ya hay en nuestra vida: nuestra familia, nuestros amigos, aprender algo nuevo, leer, caminar, escuchar música, pensar, reír... son placeres que conseguimos disfrutar si sabemos agradecer los detalles más sutiles de la naturaleza y de nuestra sociedad. Está dentro de nuestras capacidades encontrar placer en las cosas más simples de la vida. Ese es un atributo de las personas que gozan de una auténtica riqueza, de una felicidad que no depende de ropa de marca, costosos vehículos, peligrosas sustancias, grandes casas, valiosas joyas, elegantes restaurantes, ni nada superficial. Siempre querremos más y más, lo cual nada tiene de malo. El problema es no distinguir cuáles de las cosas que anhelas son las que en verdad tienen valor y cuáles te brindan felicidad de calidad. Es muy fácil confundirse respecto a lo que valoramos; bien se sabe que algunos niños en condición de calle que juegan con un palo de madera son más felices que un hombre o una mujer que viven con su familia en una cómoda casa.

Reforzando...

No sé la respuesta respecto a qué es valioso; lo que sí sé es que Epicuro, un filósofo de la antigua Grecia, dijo alguna vez: "Si quieres hacer feliz a un hombre, no añadas a sus riquezas, sino quita de sus deseos". Epicuro murió hace unos 2300 años y sus ideas siguen circulando por todo el mundo. ¿Por qué será? Supongo que porque, más allá de haber fundado la escuela de pensamiento que lleva su nombre, tenía algo de razón. Nunca he visto una frase trascendente que recomiende: "Ahógate en lujuria, codicia y envidia para ser feliz".

La perfección: búscala mas no la esperes

Antes que nada, el desarrollo personal debe ser visto como un camino que requiere un arduo trabajo para avanzar por él continuamente. Nadie es ni será perfecto. Incluso personas admiradas, como por ejemplo el actor George Clooney —que, según muchos, envejece como el vino—, es un ser humano, con defectos. Es liberador entender que la perfección no existe, es un concepto hipotético y abstracto.

Buenas sugerencias respecto a los deseos y el ansia de perfección son las siguientes:

- Equivócate mucho y aprende de ello, eso vale más que la imagen falsa de perfección que se pretende proyectar.

- Ríete de tus defectos, no los tomes tan en serio. Trabaja en ellos sin sufrir flagelaciones mentales.

- Aspira a lograr mejorar, mas no esperes la perfección, porque hacerlo despertará en ti el deseo de tener el control y cuando buscamos controlar, lo que encontramos es frustración. El mundo es muy grande e impredecible, controlamos una fracción casi insignificante de lo que sucede. Nuestra forma de pensar es una de esas pocas cosas sobre las que sí es posible tener un grado de control.

- Acepta tu humanidad con base en la razón; así sabrás que el camino hacia el crecimiento nunca debería acabar. De hecho, no queremos que acabe.

- Entiende que está bien estar mal, pues pensar así te quitará un peso de encima.

- Deja atrás la perfección que nuestro entorno idealiza. Pensando en términos objetivos y realistas, todos tomaremos malas decisiones, tarde o temprano.

- Toma en cuenta que, de vez en cuando, caer te brindará consuelo al recordarte cuán humano eres.

- Ten en mente lo perfecto que es ser imperfecto, pero siempre trabajando por ser mejor.

Los puntos anteriores resultan oportunos porque, al expresar gratitud, estimulamos al cerebro para permitirnos sentir que, después de todo, las cosas no están tan mal. Al agradecer lo que tenemos a nuestro alcance antes de empezar a frustrarnos por querer lo inalcanzable, podremos relajarnos.

Muchos hechos y cosas sencillas que nos suceden nos ayudan a encontrar felicidad en lugares y circunstancias que parecen normales. En realidad, se trata de bendiciones. En lo personal, para en verdad apreciar todas esas bendiciones y a la vez reforzar la disciplina, me dispongo a pagar un pequeño precio. Se trata de pequeñas incomodidades o sacrificios que decido sufrir de vez en cuando; por ejemplo, no cenar, dormir en el piso, bañarme con agua fría o usar escaleras y no el elevador. Si bien pueden parecer insignificantes o ridículos, al realizarlos, la gratitud deja de ser solo una palabra y se vuelve un sentimiento tangible. Agradecer lo que das por sentado te hace apreciar realmente el desayuno, el agua caliente, los elevadores, tu cama, etcétera.

Reforzando...

Uno de mis pensadores favoritos de todos los tiempos, el emperador Marco Aurelio, escribió: "No te entregues a los sueños de tener lo que no tienes; más bien, reconoce las bendiciones que posees, y luego, con fortuna, recuerda cómo las desearías si no fueran tuyas". Pienso que hoy en día el equivalente de esta frase sería: "No sabes lo que tienes hasta que lo pierdes". Y, aunque no lo parezca, es posible que no tengamos que aprender esto por las malas.

Pensemos en qué sería de nosotros sin esas bendiciones; imaginemos que nos quitan todo lo que tenemos, ¿cuánto las extrañaríamos? Más que un simple enunciado, la gratitud es una forma de pensar que sienta las bases para un determinado estilo de vida. Si te diera algo que deseas —algo como un coche, una casa, un cuerpo atlético o una relación— y regreso en uno, dos o tres años, ¿cómo se vería? ¿Estaría chocado el coche, descuidada la casa, deficiente la condición física o presente la infidelidad en la relación? Lo mismo sucede con la vida en sí; aquel que cuida de ella y genuinamente la aprecia, se cuidará de no desperdiciarla. Agradecer significa valorar lo que se te ha dado y, en consecuencia, vivir de acuerdo con ello. Muchos somos bendecidos con dones como la salud, una mente funcional, un cuerpo capaz. Entonces, ¿por qué decidimos arruinarlos? ¿Por qué no cuidamos de ellos? Si te ofreciera diez millones de dólares en este instante pero te advirtiera que, a cambio, mañana no despertarás, seguramente no los tomarías. Por lo tanto, si despertar mañana por la mañana vale más que esa suma, ¿por qué no despertar agradecidos por un nuevo día?

Capítulo 1

Gratitud

Este libro parte de la idea de que *siempre, absolutamente siempre, hay algo que agradecer.*

¿Por qué ha de interesarnos leer sobre la gratitud? Quizá todos estemos familiarizados con ella. Quizá no le hayamos brindado la atención que merece. En este libro veremos que, a lo largo de la historia, un buen número de pensadores, autores y otros grandes seres humanos, han hablado sobre ella. Buscaremos comprender por qué, reflexionaremos sobre su verdadera utilidad, nos enfocaremos en cómo alcanzar los mayores beneficios con ella y aprenderemos mucho sobre el mundo que nos rodea, no solo con miras a crear una mejor sociedad, sino también a llevar una vida más plena.

La gratitud es un estilo de vida, una forma de ver el mundo y una perspectiva que, al adoptarse, llenará tus días de abundancia y reemplazará tus sentimientos negativos por auténtica alegría. Verás que cuando se utiliza adecuadamente, puede enfilarnos por un camino mucho más satisfactorio. No es casualidad que forme parte de la doctrina de las religiones más grandes del mundo: judaísmo, cristianismo, islam, budismo e hinduismo, entre otras.

Reforzando...

Como dijera el filósofo, orador, político y escritor romano Marco Tulio Cicerón hace más de dos mil años: "[Esta virtud] no es solo la mayor de las virtudes, sino la madre de todas las demás". [1]

Comenzaremos hablando de la gratitud, que, como cualquier otra herramienta, es un medio para facilitar un trabajo; en este caso, encontrar felicidad en nuestro día a día. Más tarde transformaremos esta idea y veremos que también puede ser un fin en sí misma, un propósito de vida.

Algunos actos y muestras de gratitud

- Un sencillo "gracias" que le regalas a otra persona.
- El amor propio y el amor a la gente que nos rodea.
- Una forma humilde y positiva de pensar.
- Paz interna.
- Gozo en los triunfos y en las derrotas.

- Práctica del no desperdicio.
- Sentido de comunidad.
- Sentido de plenitud, de estar completo, a pesar de vivir en un mundo colmado de tragedias.

La felicidad

Buscar, y encontrar, felicidad no es tarea sencilla y lo primero por hacer es definirla. Desde que somos conscientes, se ha recurrido a muchas formas de interpretarla. Según la Real Academia Española de la Lengua, es un "estado de grata satisfacción espiritual y física". Considero que falta agregar "estado temporal" a esa definición. Todo ser humano busca la plenitud y hay quienes creen que puede obtenerse de manera permanente; sin embargo, esto puede ser problemático. La felicidad necesita de un contraste para apreciarse por completo.

Nadie puede darnos una definición que se apegue enteramente a lo que es la felicidad. Es diferente para cada individuo. Si se presenta en lugares distintos, ¿cómo saber en dónde buscarla? Veremos a lo largo de este libro en dónde podremos encontrarla utilizando la gratitud. Será un ejercicio de exploración que nos permitirá regocijarnos incluso en las situaciones que pasamos por alto todos los días.

Reforzando...

Séneca, un filósofo, político, orador y escritor romano conocido por sus obras de carácter moral, escribe en su correspondencia con Lucilio (Carta LXXI): "Cuando no sabes hacia dónde navegas, ningún viento es favorable." La gratitud será el viento más favorable en el camino hacia una vida bien vivida.

Por otro lado, es fácil saber dónde no está la felicidad y la alegría que esta provoca: en esos sentimientos y circunstancias que parecen derribarnos. Sin embargo, si ponemos la atención adecuada, comprenderemos que, si hablamos de altibajos, esos "bajos" son los que le dan sentido a los "altos". Veremos esta idea más en detalle en el capítulo 10, "Agradeciendo la adversidad". La gratitud nos dejará aproximarnos de mejor manera a ese contraste. Para auténticamente apreciar algo, es preciso conocer lo que es su ausencia o su carencia.

Solemos creer que vivir "felices por siempre" puede llegar a ser realidad y no es así. Aun si lo fuera, es probable que lo anheláramos menos. La comida más deliciosa es aquella que se disfruta con hambre. El sueño más placentero es el que viene después del cansancio. La vacación más plena es la que se ganó con trabajo duro.

Tal polaridad es un pilar fundamental para una vida bien aprovechada; en el último capítulo entenderemos por qué es vital para reconocer la felicidad y veremos cómo incluso las situaciones desfavorables son dignas de agradecerse.

Los estados de felicidad se disfrutan gracias a que son momentáneos; para apreciarlos, es indispensable saber que no durarán por siempre (como sucede también con los estados de infelicidad). Breves o largos, gocemos esos momentos gratos. Nuestra herramienta metafórica nos permite alcanzar ese auge, ya que la gratitud es una forma de percibir el mundo que nos proporciona luz donde parece haber solo oscuridad.

Así como la oscuridad únicamente puede ser definida como la ausencia de luz, la felicidad se define como la contraparte de nuestros momentos infelices. La vida misma es un balance entre lo bueno y lo malo porque, si todo fuera positivo, dejaríamos de apreciarla o la pasaríamos por alto.

Ejemplo 1

Tomemos como ejemplo la respiración: en nuestro día a día no le prestamos importancia porque sabemos que ahí está y la damos por hecho. Imagina que estás sumergido/a en el agua, deseoso de aire.

De pronto, sales a la superficie y con una inhalación profunda sientes cómo tus pulmones se llenan de oxígeno. Maravilloso, ¿cierto? El solo pensarlo genera un fuerte deseo de respirar. Este es uno de muchos ejemplos de lo que damos por sentado en nuestra cotidianidad.

Ejemplo 2

Otro ejemplo podría ser lo que ocurre con la comida que nos gusta, como las conchas de vainilla. Si bien para muchos sudamericanos esta palabra puede no ser la más apropiada, aclaro que en este caso hablamos de un pan dulce. Aunque se disfruten mucho, lo más probable es que nadie quiera comerlas continuamente por el resto de su vida. Saber que tarde o temprano se acabarán aumenta ese gozo momentáneo. Consumirlas causa felicidad, pero nadie querría estar por toda la eternidad comiendo conchas de vainilla. Incluso si se intentara extender el gozo, cada concha se disfrutaría menos pues, con el exceso, terminaremos por sentirnos mal. Te invito a hacer el experimento y verás cómo más no significa mejor.

Graficando una experiencia

Podríamos interpretar este tema como una función matemática muy sencilla, en la que el gozo se expresa como la relación (f) entre la cantidad de conchas y la saciedad. Esto se expresaría de la siguiente manera: Gozo= f (*cantidad, saciedad*), en donde:

1. La cantidad se refiere a la cantidad de alimentos consumidos. A medida que la ingesta se incrementa, en un inicio aumenta la alegría debido al placer de comer, para luego comenzar a disminuir debido a factores como la saciedad, la incomodidad y el consumo excesivo.

2. La satisfacción con los alimentos tiene que ver con el grado en que estos son satisfactorios para la persona que los consume. Aquí entran en juego la textura, el sabor, el aroma, el deseo y otros aspectos sensoriales relacionados con la comida. Este factor representa qué tanto nos gusta un alimento en particular y, cuanto más sea de nuestro agrado, mayor será el gozo.

La forma específica de la función dependerá de varios factores, como el metabolismo, las preferencias y los hábitos alimentarios. Por lo tanto, crear una ecuación universal que represente con precisión la relación específica e individual entre el gozo y el consumo es todo un reto. Sin embargo, una posible ecuación para describir esta relación sería:

$$Gozo = -a \ln \left(\frac{Q}{Qmax} \right) - b(1 - S)$$

- "a" es un número constante que representa la velocidad a la que disminuye el gozo a medida que aumenta la cantidad de comida. Esta constante determina cuán rápido disminuye la alegría conforme la cantidad de comida consumida se acerca a $Qmax$. (Un valor mayor que "a" significa que la alegría disminuye más rápidamente a medida que aumenta la cantidad de comida.)

- "Q" es el número de conchas de vainilla consumidas.

- "$Qmax$" es la cantidad máxima de conchas que puede consumirse antes de que comencemos a sentirnos mal e incómodos; en otras palabras, es la capacidad del tanque.

- "b" es otra constante que representa la velocidad a la que disminuye el gozo a medida que se reduce la satisfacción con la comida. Esta constante determina cuánto disminuye la alegría a medida que la puntuación de satisfacción S baja de 1 a 0. (Un valor más grande que "b" significa que el gozo disminuye más rápidamente a medida que se reduce la satisfacción con la comida.)

- "S" es una puntuación de gusto comprendida entre 0 y 1.

Pongamos esto en práctica para observar nuestro análisis de manera gráfica.

En la tabla de la siguiente página mostramos los valores utilizados de acuerdo con una breve encuesta en la que preguntamos cuántas conchas serían los participantes capaces de consumir antes de comenzar a sentirse mal. La respuesta más común fue 4 conchas, por lo que $Qmax$ se representaría con un 4.

Las constantes a y b determinan la forma y la magnitud de la relación entre alegría y consumo de alimentos; sus valores asignados son: $a=1$ y $b=.5$. Para s asignaremos un valor alto, ya que este es uno de los mejores panes dulces en existencia: $S=9$.

# de conchas	Sustitución	Valor de G
1	$g = -1\ln\left(\frac{1}{4}\right) - .5(1-.9)$	1.13629436112
2	$g = -1\ln\left(\frac{2}{4}\right) - .5(1-.9)$	0.64314718056
3	$g = -1\ln\left(\frac{3}{4}\right) - .5(1-.9)$	0.237682072452
4	$g = -1\ln\left(\frac{4}{4}\right) - .5(1-.9)$	−0.05
5	$g = -1\ln\left(\frac{5}{4}\right) - .5(1-.9)$	−0.273143551314
6	$g = -1\ln\left(\frac{6}{4}\right) - .5(1-.9)$	−0.455465108108
7	$g = -1\ln\left(\frac{7}{4}\right) - .5(1-.9)$	−0.609615787935

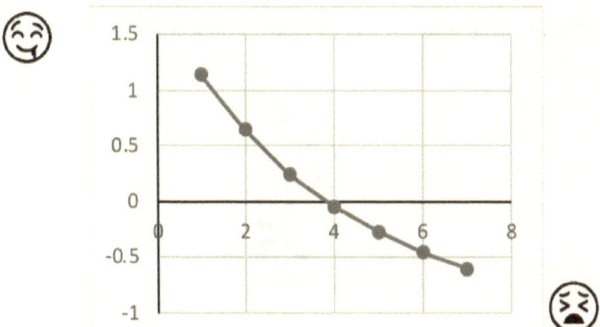

Cabe destacar que estas consideraciones representan gráficamente una experiencia empírica. Es posible apreciar con números algo que se vive y se siente. Quizá siete conchas no sea la mejor de las ideas, por más buenas que sean. Con esto regresamos a nuestra idea inaugural: *más no siempre significa mejor.*

Vida y muerte

Si dejamos a un lado las conchas de vainilla como metáfora e intentamos entender las implicaciones existenciales detrás de la idea de que algo se goza por ser efímero, veremos que puede aplicarse como reflexión en todos los aspectos esenciales de la vida. La muerte resulta atemorizante para algunas personas, pero si percibiéramos las cosas desde la perspectiva de que la vida se disfruta por ser efímera, entenderíamos que el peor destino de cualquiera sería vivir para siempre, o comer conchas por toda la eternidad. ¡Qué tortura!

Tal vez no tengamos la capacidad imaginativa para comprender lo que sería una existencia eterna, ni lo que implicaría estar aquí mucho después de que todos se hayan ido. Pero, si nos detenemos un momento y pensamos en lo que vivir para siempre implica, quizá no sería algo que en verdad deseemos.

Reforzando...

¿Qué nos dice *La Odisea*?: El valor de la mortalidad, como bien se expresa en el poema épico *La Odisea* de Homero, es sumamente menospreciado. En el Canto V, la diosa Calipso le ofrece a Ulises, quien se encuentra atrapado en la isla de Ogigia, la vida inmortal a cambio de quedarse a su lado por toda la eternidad. Ulises rechaza la oferta, convencido de que una vida mortal al lado de sus seres queridos valía más que la juventud eterna. Al no querer vivir su eternidad sin Ulises, Calipso se quita la vida después de su partida. [2]

¿Y *La Iliada*?: *La Ilíada*, otro legendario poema épico de Homero, también contempla la inmortalidad. Yendo a los tiempos modernos, en una escena de la película *Troya*, del gran director alemán Wolfgang Petersen, Aquiles le comparte un secreto a Briseida: "Los dioses nos envidian. Nos envidian porque somos mortales, porque cualquier momento puede ser el último. Todo es más hermoso porque estamos condenados. Nunca serás más hermosa de lo que eres ahora. Nosotros nunca volveremos a estar aquí otra vez." Parece un secreto muy crudo, pero el mensaje se transmite de forma impecable. [3]

Midiendo la vida

En 1872, durante sus estudios de posgrado en el Hospital de San Bartolomé en Londres, Alexander Muirh conectó alambres a la muñeca de un paciente febril, con el fin de obtener un registro de los latidos de su corazón. Este invento se conoce hoy como electrocardiógrafo y su función principal es medir gráficamente la actividad eléctrica cardiaca en función del tiempo. Es ese instrumento colocado junto a las camillas de hospital que emite el conocido sonido "bip… bip… bip…", a la par que una línea de luz verde genera crestas y valles. Todos hemos visto uno, ya sea en las series, películas o caricaturas de hospitales y médicos. Con cada latido se observa un alza en la gráfica. Los intervalos de cúspides y fondos se mantienen hasta que el paciente deja de existir, momento en el que se convierten en una línea recta horizontal. En un sentido tanto literal como metafórico, la vida misma se representa con altos y bajos, y la muerte con una simple línea horizontal.

El electrocardiograma es una representación perfecta de la vida. Si vivimos nuestros días siguiendo una línea horizontal, es decir, sin riesgos y aferrados a nuestra zona de confort, realmente no la aprovechamos al máximo. Por otro lado, aquellos días con altibajos son los que le dan sentido a nuestra existencia. Es sabio reconocer que no siempre estaremos arriba y, por lo tanto, no siempre estaremos abajo. La gratitud representa un colchón para amortiguar nuestras caídas y un respiro de reconocimiento y valoración en las nubes.

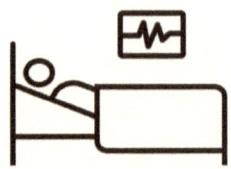

Relato

Temporalidad

Tatsugoro Matsumoto, un jardinero japonés, llegó a México en 1892. Su trabajo era tan sobresaliente que fue contratado por el presidente Porfirio Díaz para el diseño y cuidado de los jardines del Castillo de Chapultepec. Años después, el presidente Pascual Ortiz Rubio, deseoso de establecer una relación amistosa con Japón, quería que las calles de la Ciudad de México fueran adornadas con el rosa de los cerezos. Para ello, pidió del Gobierno de Japón la donación de cerezos japoneses. A sabiendas de que el cerezo no soportaría las condiciones climatológicas de México, Matsumoto sugirió el uso de jacarandas en lugar de cerezos, y junto con su hijo Sanshiro, se dio a la tarea de sembrar este árbol a lo largo de las colonias y calles emblemáticas de la ciudad.

Desde entonces, en marzo, durante un periodo de aproximadamente un mes, las calles de la ciudad se tiñen de un incomparable color lila azulado. La población de la capital, y de otros rincones del país, disfrutan salir a las calles en esta temporada y ver florecer a estos increíbles árboles. En cierta medida, el gusto colectivo hacia esta flor se debe a su periodicidad estacional. Si estuviesen ahí todo el tiempo, dejaría de ser especial su breve visita que tanto embellece la ciudad.

Punto de partida

En gran medida todo lo anterior se resume en tener en mente tu situación actual. ¿Gozas de una buena vida? ¿Sí? Pues bien, apréciala, recuerda que no todo dura para siempre.

¿Estás viviendo en dificultades? Calma, no todo dura para siempre; pensar en lo que puedes agradecer, sea lo que sea, te brindará consuelo para sobrellevar tu situación.

Todos compartimos la búsqueda de la felicidad. La gratitud será el puente que nos permitirá acceder a un estado de bienestar emocional y físico, siempre que lo necesitemos. La razón es simple, la idea inaugural es real: siempre hay algo que agradecer y aquí lo demostraremos. Por consiguiente, las razones para sonreír dependen de ti, de tu forma de ver el mundo. Ahí están, basta con buscar bien. Adoptar la gratitud en nuestra vida ya no nos permitirá ver el mundo de la misma manera.

Te invito a reflexionar al respecto:

Agradecer es apreciar y apreciar es valorar.
Saben valorar y apreciar aquellos que
saben ver el panorama completo.
No se quedan en lo finito, su mente explora
la imagen de extremo a extremo.
Son aquellos que ven más allá.
Quienes saben respetar, que son respetados.
Quienes saben perdonar, ser sinceros, pacientes,
templados, justos, sabios y empáticos.
Todo nace desde la gratitud.

Agradecerás ser agradecido...

Capítulo 2
Una grata existencia

Aquí entramos en el mundo de la ciencia y de los números, números y datos que nos ayudarán a comprobar matemáticamente la relevancia de nuestro tema y su conexión con el mundo físico...

Hablemos de astronomía

Al 12 de julio de 2023 se confirma la existencia de 5,470 exoplanetas. Planetas con características similares a la Tierra, ubicados en la zona de un sistema solar diferente del nuestro donde puede haber agua en su estado líquido. Muy cerca de su estrella sería vaporizada y muy lejos quedaría completamente congelada. La característica principal es que dirigir nuestra búsqueda de vida extraterrestre a los planetas de este tipo parece ser la mejor idea. Los exoplanetas representan un descubrimiento reciente: los primeros dos fueron observados en 1992 por los astrónomos Aleksander Wolszczan y Dale Frail. [4]

De acuerdo con un estudio de la Agencia Espacial Europea (ESA), se ha calculado que en la Vía Láctea (la galaxia que habitamos) existen cerca de 100 mil millones o 100,000,000,000 de estrellas. La NASA confirma que dentro de nuestra galaxia espiral, cada una de esas estrellas tiene como mínimo un planeta que orbita su atracción gravitacional. Según datos proporcionados por el telescopio Hubble, en el Universo hay alrededor de 10^{12} o un billón de galaxias, y nuestra Vía Láctea es solo una de ellas. [5] [6] [7]

Una en 1,000,000,000,000 de galaxias.

Erik Zackrisson, astrofísico de la Universidad de Uppsala en Suecia, procesó los números en un programa de cómputo que simula la evolución del Universo desde el Big Bang hasta la década actual. Descubrió que, dada nuestra comprensión actual del Universo y las leyes de la física, debería haber 7^{20} planetas en el universo.

Eso es 7 seguido de 20 ceros o 70 trillones de planetas (70,000,000,000,000,000,000,000)

Hasta hoy se afirma que 5,470 planetas podrían ser habitables, pero en realidad del que sabemos que realmente ha creado vida como la conocemos es 1. Esa probabilidad parece imposible de asimilar. Son números que no solemos ver ni imaginar siquiera. Pero esa probabilidad, el 1 en 70,000,000,000,000,000,000 es real y somos testigos de ello. Aparentemente imposible y, hablando en términos estadísticos, extremadamente improbable. Y, sin embargo, aquí estamos.

Ahora bien, la historia no acaba ahí…

La probabilidad mencionada expresa cuán afortunada es la vida como la conocemos por haber surgido en el Universo. No representa la probabilidad de que los mamíferos hayan sobrevivido por millones de años a cambios climáticos, extinciones, depredadores y selecciones naturales, para llegar al primer humano, cuya supervivencia —seamos sinceros— fue un milagro. ¿Por qué? Porque no contamos con garras, veneno, velocidad, colmillos afilados ni muchas de las características necesarias para sobrevivir en los días primitivos de la humanidad.

El cerebro humano es una apuesta evolutiva muy arriesgada pues consume muchísima energía y tarda largo tiempo en desarrollarse. Mientras lo hace, es prácticamente indefenso.

Nuestra especie estuvo al borde de la extinción. De acuerdo con datos integrados en nuestra genética, hace cerca de un millón de años estuvimos extremadamente cerca de no contarla. Aun así, la especie humana logró sobrevivir para formar pequeños grupos que más adelante se convirtieron en civilizaciones.

Sumando todos esos factores a la probabilidad calculada al principio, resulta ridículo siquiera mencionar un número.

Pero ahora, lo haremos todavía más ridículo.

¿Somos totalmente improbables o totalmente inevitables?

El doctor en filosofía y autor Ali Binazir realizó un estudio que resulta el complemento perfecto para nuestro proceso de autodescubrimiento.

En dicho estudio, publicado en un blog de la Universidad de Harvard, el doctor Binazir se propuso calcular, a escala de la civilización humana, la probabilidad de existir de una persona.

Para ello, comenzó por analizar la probabilidad de que tu padre conociera a tu madre.

- Si tomamos como la fecha de partida la de 20 años atrás (aunque la población mundial era un poco menor), un hombre podría toparse con hasta 200,000,000 de mujeres aproximadamente.

- Para ser realistas, digamos que a los 25 años de edad conoció a apenas unas 10,000 jovencitas.

- De tal modo, la primera probabilidad tiene que ver con que tu madre se encuentre en este grupo: 1 en 20,000 (200,000,000/10,000).

Ahora consideremos las probabilidades de que la relación fructifique (bien sabemos que el amor no es tan fácil):

Probabilidad 1 en 10 de que tu padre cobre valor
y decida llamarle a tu madre para invitarla a salir

Probabilidad 1 en 10 de que salgan
en una segunda cita

Probabilidad 1 en 10 de que se hagan novios
y continúen su relación por un tiempo

Probabilidad 50/50 de que dicha relación
sea suficientemente buena para tener hijos

↓

Probabilidad de que su encuentro dé hijos
como resultado: 1 en 2,000

Al sumar las probabilidades hasta este punto, el resultado es
1 en 40,000,000. Una representación equivalente sería pensar que vivieras en el estado de California (el más poblado
de Estados Unidos y cuya población equivale al 12% de la
población total del país), que todos los habitantes del estado
compraran un boleto para una rifa, y tú ganaras.

Sigamos con nuestro análisis sin detenernos en el "cuchi
cuchi".

- El embarazo es el resultado de 1 en 100,000 óvulos de la madre más 1 en 4 billones (4,000,000,000,000) de espermas del padre.

- La cantidad de óvulos es el promedio que una mujer tiene en toda su vida y la de espermas es el promedio de los producidos dentro de la ventana de tiempo en los años en que pudiste haber nacido.

- La suma de estas probabilidades resulta 1 en 400 trillones (400,000,000,000,000,000).

Otra vez números exagerados imposibles de leer, pero que son reales. Para ponerlo en perspectiva, Binazir compara este número con el volumen en metros cúbicos de todo el Océano Atlántico:

$$3.236 \times 10^{17} \text{ metros cúbicos}$$

Complementemos lo ya explicado sobre la evolución humana y retrocedemos a los organismos unicelulares. Según Binazir:

- Todos los eventos que llevaron a que tus antepasados vivieran hasta la edad reproductiva equivalen a un linaje ininterrumpido de 4 mil millones de años.

- En cada generación uno de cada dos bebés nacerá para crecer y reproducirse.

- La probabilidad de no romper un linaje durante 150,000 generaciones resulta en 1 en $10^{45,000}$. Eso es un 10 con 45,000 ceros a la derecha.

- Este número es mayor a todas las partículas del Universo y mayor incluso que si cada una de esas partículas fuera un universo en sí.

Hubble Vislumbra un Cúmulo Reluciente (junio 23, 2023)
Crédito: ESA/Hubble & NASA, W. Lewin, F. R. Ferraro.

Más datos: contemplemos que cada combinación de óvulo + esperma haya sido la indicada para que se diera tu nacimiento por cada una de esas 150,000 generaciones; esto es un millón de trillones multiplicado por un millón de trillones para cada generación. El resultado nos da:

$$1 \text{ en } 10^{2,640,000}$$

¿Te duele ya la cabeza? Resiste…

El punto siguiente es agregar todas las probabilidades anteriores en una sola combinación:

$$10^{2,640,000} \times 10^{45,000} \times 2000 \times 20,000 \approx$$

$$1 \text{ en } 10^{2,685,000}$$

Si quisiéramos escribir este número, necesitaríamos colocar un punto seguido por 2,685,000 ceros a la derecha y finalmente un uno.

Ejemplo

Para ejemplificar lo anterior, por asombroso que parezca, nos remontamos a una de las inigualables obras maestras de la literatura universal: esta cantidad equivaldría a reemplazar cada letra del Quijote de Cervantes por un cero y agregar medio Quijote más. Un quijote y medio únicamente con "0´s". Más o menos unas 2,000 páginas repletas de ceros.

No vale la pena siquiera intentar decir el número mencionado en el ejemplo, pero sí intentar establecer una comparación que nos permita asimilarlo:

- El número de átomos en el cuerpo de un hombre promedio es de más o menos 10^{27}.

- El número de átomos que componen la Tierra es de aproximadamente 10^{50}.

- El número de átomos que componen el Universo que conocemos es de 10^{80}.

Lo anterior es una muestra práctica de cómo incrementan los exponentes. Tan solo al pasar de un exponente de 27 a uno de 80, fuiste de la escala de un humano hasta la escala del Universo. Basta un aumento de 53. Nuestro resultado final tiene más de dos millones y medio de números como exponente. Para escribirlo deberíamos poner un punto seguido por 2,685,000 de ceros y al final un 1 (0.0000000000000 0000000000000000000.....1% de probabilidad). En términos científicos, es más probable considerar un escenario en el cual simplemente no existimos.

Ejemplo

Para concluir, Binazir ejemplifica este resultado con una equivalencia. La probabilidad de existir (a escala civilizaciones humanas) es como si 2 millones de personas se juntaran (más o menos todo San Diego en Estados Unidos) y jugaran a tirar el dado. Pero cada dado tiene un billón de caras (1,000,000,000,000). Al tirarse simultáneamente, todos los dados caen en la misma cara. Usando un ejemplo: todos los dados caen en la cara 550,343,279,001. La conclusión de Binazir es que dicha probabilidad es prácticamente "cero". [8] [9]

Esta conclusión toma solo en cuenta la escala de la humanidad para un nacimiento en el siglo actual. Si agregamos la probabilidad individual del planeta Tierra calculada al principio del capítulo, resulta absurdo intentar poner eso en perspectiva. Es probable que el punto que expusimos haya quedado, de cierta forma, claro. Ahora sabemos que nuestra presencia es increíblemente valiosa. Procuremos asentar esto en la profundidad de nuestra conciencia para evitar el síndrome del papel higiénico, es decir, esa necesidad de aprovechar un recurso una vez que caemos en cuenta que queda poco de él… llámalo tiempo o papel en el rollo. ¿Qué sucedería si le sacáramos tanto provecho a la vida como a esos últimos cuadritos de papel higiénico? Lo único por lo que podríamos arrepentirnos sería por no haber empezado antes.

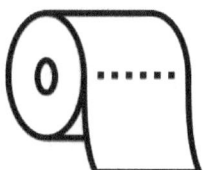

El pasado no necesita de tu ayuda, pero tu persona del mañana sí requiere toda la que puedas prestarle. La única forma de ayudarla es tomar las mejores decisiones en el presente… la mejor forma de hacerlo es actuar con gratitud… y las ideas presentadas son una forma excelente de empezar.

Para fines prácticos y en consonancia con nuestro tema principal, podemos apreciar que somos en verdad afortunados de estar aquí. El hecho de existir es ya mérito suficiente para ser agradecido. Todos estos números son reales, esa es nuestra realidad, por más inverosímil que parezca. Además, a nuestro alrededor tenemos a muchas personas que son igualmente improbables y aun así, agregamos más probabilidades de compartir nuestra vida con ellos. Personas con el mismo valor en la escala cósmica junto con quienes decidimos participar de nuestro lujoso presente. Reconocer el regalo de la vida brinda consuelo frente a un mundo que parece siempre darnos razones para sentir lo opuesto. Este milagro nos permite ser testigos de una razón más para dar gracias.

Reforzando...

Cabe aquí compartir una frase del gran escritor, filósofo, maestro espiritual y autor inglés, Douglas E. Harding: "Creo que una gran [razón], que debe apelar a tu corazón y a tu mente, es simplemente sentir pura gratitud por haber sucedido. Lo primordial es sentirnos muy agradecidos por haber sucedido, ¿cierto? ¿Sabes?, no tenías que haber sucedido. No es necesario que hayas sucedido. Pero sucediste". [10]

Agradécele a quien tú quieras: a tu Dios, a la estadística, a la evolución, al mundo espiritual, a Zeus, al doctor Binazir, a quien tú prefieras, pero siente la fortuna correr por tu sangre. Agradece y comparte con alguien o con algo esta oportunidad de aceptar cuán improbable eres.

Capítulo 3
Grata envidia

Todos hemos sentido envidia en algún momento. Es un sentimiento muy común y natural. En ocasiones, olvidar todo lo que tenemos para desear lo que alguien más posee parecería un escape inevitable de nuestra realidad, cuando lo cierto es que altera en gran medida nuestra paz interna. A lo largo de la historia, esta emoción ha causado el derrumbe de relaciones y el colapso de muchos que permitieron que los consumiera. Cientos de novelas y textos hablan de ella para heredarnos la enseñanza de que nada bueno trae consigo.

El problema con la envidia es que, al igual que otros males, es muy adictiva. Si entra en nuestra mente y la intoxica con regularidad, se convierte en una enfermedad.

Reforzando...

Mucho se ha dicho sobre la envidia, en todas las épocas y en todos los rincones del mundo.

El Canon Pali es una colección de textos antiguos que contienen las doctrinas y los fundamentos principales del budismo Theravada (o budismo del sur, propio de países como Tailandia, Laos y Camboya). La colección contiene una escritura sagrada llamada Dhammapada, atribuida comúnmente al Buda o Siddhartha Gautama, Príncipe de Kapilavastu, maestro espiritual, asceta, eremita y meditador quien vivió durante parte de los siglos V y VI antes de Cristo. En su verso 365 se expresa que aquel que desea lo que otro ha recibido e ignora su propia abundancia, nunca obtendrá la paz mental.

En el Estados Unidos de hoy, el empresario Robert Kraft, personaje reconocido por los fanáticos del fútbol americano por ser el dueño de los Patriotas de Nueva Inglaterra, dijo en una entrevista: "La envidia y los celos son enfermedades incurables". Lo cierto es que albergar esta emoción tan negativa bloquea el bienestar del ser humano y lo conduce a la autodestrucción.

Por otra parte, un refrán tradicional inglés dice: "Envy shoots at others and wounds itself" (La envidia le tira a otros y se hiere a sí misma"). La moraleja es que la envidia es dañina para los envidiosos, les causa infelicidad al hacerles creer que, en comparación con los demás, ellos tienen carencias.

Las reflexiones anteriores brindan un mensaje muy claro ya que, hablando con sinceridad, debe ser agotador pasar los días pensando en la vida de otros, cuando puedes mirar la tuya y descubrir cosas increíbles. A estas alturas, quizá te preguntes "¿por qué el tema de la envidia en un libro sobre gratitud?" Muy pronto lo sabrás. En este capítulo proponemos llegar al otro lado de la envidia: a ser envidiado y a hacer conciencia de que aquí hay mucho qué envidiar. Parecería que la intención es reforzar y promover la envidia. Pues sí. Veremos por qué todos podemos ganar el juego de la envidia. Los perdedores se enfocan en los ganadores y los ganadores se enfocan en ganar.

Ganemos entonces.

Ejemplo

Veamos ejemplos de cosas que podrían ser envidiadas. Para ello, ¿por qué no considerar una recopilación de objetos absurdamente costosos? Revisamos múltiples listas con este tipo de información para brindar una serie de interesantes y entretenidas extravagancias. [11]

Número	Objeto	Costo en dólares
1	Estación Espacial Internacional	150 mil millones
2	Yate History Supreme	4.5 mil millones
3	Telescopio Espacial Hubble	2.1 mil millones
4	Antilia (edificio)	2 mil millones
5	Villa Leopolda	506 millones

Número	Objeto	Costo en dólares
6	*Los Jugadores de Cartas* (pintura de Cézanne)	275 millones
7	*Garçon à la pipe* (pintura de Picasso)	104 millones
8	Collar de Diamantes L'Incomparable	55 millones
9	Ferrari GTO de 1963	52 millones
10	Reloj de Gemas de 201 quilates	25 millones
11	El "Perfect Pink" (diamante)	23 millones
12	El dominio 'Insure.com'	16 millones
13	Brazalete de Pantera de Diamantes	12.4 millones
14	*Tiburón Muerto* (instalación artística de Damien Hirst)	12 millones
15	Bugatti Veyron con cubierta de oro	10 millones
16	*Rhein II* (fotografía de Andreas Gursky)	4.3 millones
17	Piano de Cristal	3.2 millones
18	iPhone 3GS Supremo Rosa	2.9 millones
19	Cama Magnética Flotante	1.6 millones
20	Plaza de Aparcamiento en Manhattan	1 millón
21	Pluma de Pájaro Huia	10,000

De esta lista tan variada, destaca la número 3, ya que este telescopio nos ha regalado un sinfín de datos sobre el universo. En fin, el punto aquí es realizar un breve análisis y hacer hincapié en que seguramente algo de esta lista es de nuestro agrado. Son cosas típicamente envidiables: estilos de vida, joyas, casas, yates, autos de colección, entre otros. Seamos honestos, a todos nos gustaría probar esa cama flotante...

Ahora bien, hay otras cosas que son mucho más valiosas y que no encontramos en las listas analizadas. Veamos de qué se trata.

La sustancia más cara

Una de ellas, lamentablemente, es casi imposible de conseguir: la antimateria. Se cree que al nacer el universo, el Big Bang creó materia y antimateria. El universo temprano era muy denso y caliente, lo cual le dio ventaja a la materia por procesos físicos aún desconocidos. Ambas partículas son iguales, pero con cargas opuestas. En física, la antimateria es igual a la materia ordinaria, excepto por su carga eléctrica. Por ejemplo, el equivalente del electrón, cuya carga eléctrica es negativa (-), en la antimateria lleva el nombre de positrón, atribuido por su carga eléctrica positiva (+). Sin embargo, aun siendo opuestos, ambos tienen la misma masa. Lo interesante es que, al hacer contacto la antimateria con la materia, se cancelan la una a la otra; simplemente, se destruyen.

Una vez que el universo se enfrió, hubo un excedente de materia por las condiciones tempranas del universo. Por lo tanto, toda la antimateria desapareció por una cantidad igual de materia. Este excedente dio lugar al universo que hoy conocemos.

Hoy se sabe que donde se produzcan colisiones de alta energía, estará presente la antimateria, aunque, por las razones descritas, desaparecerá rápidamente. De ahí que sea tan rara. Y, como bien sabemos, cuando hay poca cantidad disponible de cualquier recurso, su escasez tiende a incrementar su valor.

Costo real: "por las nubes"

En 1999 la NASA publicó un artículo estimando el costo de un gramo de la antimateria, a la que nombraron "la sustancia más cara en la Tierra".

El precio aproximado fue de:

62.5 billones de dólares por gramo

(1 gramo = $62,500,000,000,000 USD)

Y creíamos que el gramo de caviar era costoso... [12]

Establezcamos una comparación con la lista que vimos antes. Con esa cantidad podríamos comprar 13,888 yates Supremos o 31,250 propiedades como Antilia y repartir una entre cada persona necesaria para llenar el estadio de Real Oviedo en España. Incluso regalar 124,000 Villas Leopoldas al equivalente a toda la población de Berkeley en California.

Datos impresionantes, ¿cierto? Pero hay algo aún más valioso que la antimateria. No nos referimos a la conciencia, al amor, la amistad, la risa o la vida misma, cuyo valor es inconmensurable.

Hablamos de algo cuyo precio realmente puede calcularse y que, en efecto, es tanto tuyo como de todos nosotros. Algo que ni la persona con más dinero en el mundo puede comprar.

¿Qué puede ser?

Condiciones inigualables. El proyecto *Biosphere 2*

Para entenderlo, a continuación presentamos un cúmulo de información que vale la pena asimilar.

Analicemos un enorme y ambicioso proyecto científico que comenzó en el año 1985: el proyecto *Biosphere 2*, o Biosfera 2.

El objetivo de dicho proyecto era, en pocas palabras, recrear un ecosistema aislado por completo. Es decir, construir un ambiente totalmente independiente que pudiera dar lugar a vida orgánica como la de la Tierra. Para lograrlo, se construyó una estructura de 1.27 hectáreas (más o menos dos estadios y medio de fútbol) entre los años 1987 y 1991, en Oracle, Arizona.

Una casa de muñecas en esteroides

La enorme estructura contaba con una selva, un océano con arrecife, un manglar, una sabana, un desierto, un área de tierra fértil para cultivar comida, vivienda humana y algunos equipos tecnológicos. La energía era suministrada por una planta de gas natural ubicada en el interior de la instalación. Todo estaba completamente sellado. Ocho personas se ofrecieron a vivir en su interior por un periodo de dos años. Sus labores principales consistían en cultivar su propia comida, reciclar su agua y llevar a cabo un par de experimentos científicos. También se introdujeron especies animales y plantas de distintas regiones del planeta.

El complejo *Biosphere 2* en 1991.
Crédito: John Miller y Associated Press.

Primera misión

El 26 de septiembre de 1991 se cerró la estructura herméticamente. A lo largo del periodo programado se enfrentaron dificultades importantes y la principal fue la falta de oxígeno. La baja producción de este gas asimilaba las condiciones de vivir a cerca de 4,000 metros de altura, el equivalente a vivir dos años en la parte media del Everest. Debido a este problema y a los altos niveles de CO_2 (dióxido de carbono), inevitablemente tuvo que introducirse oxígeno dos veces en el transcurso de la misión. Además, la tripulación experimentó complicaciones adicionales, como hambre constante, dolores de cabeza graves, pérdida del 25% del peso corporal, entre muchas otras. El agua se contaminó y las alteraciones atmosféricas provocaron concentraciones de gases de alta peligrosidad.

Según el libro de biología general titulado *Biology*, de Neil Campbell y Jane Reece, Biosfera 2 padeció de niveles "salvajemente variables" de CO_2 y la mayoría de las especies vertebradas, así como todos los insectos polinizadores, murieron. El 26 de septiembre de 1993 concluyó la primera misión. [13]

Segundo intento

Se planificó una segunda misión del proyecto con una duración proyectada de 10 meses. Sin embargo, la tripulación de la primera misión la saboteó, exigiendo que se proporcionara información transparente puesto que se hablaba de un mal manejo administrativo. En 1994, la empresa se disolvió debido a los crecientes conflictos internos y externos. El proyecto se calificó como un fracaso total.

En 2007, la Universidad de Arizona se hizo cargo de *Biosphere 2*, el cual desde entonces se utiliza para estudios medioambientales y de cambio climático. Incluso es posible visitarlo y recorrer este increíble monumento a la ciencia y la ingeniería.

Costos reales: datos de llamar la atención

Los siguientes son los costos aproximados de Biosfera 2:

200 millones de dólares entre 1985 y 1994
↓
Un dólar de 1990 = 2.27 dólares actuales
↓
Aumento de 1.27 dólares en 32 años
↓
**Tasa de inflación promedio del dólar
estadounidense (1990-2022) = 2.60%**
↓
Aumento de precio acumulado = 127.09%
↓
**Costo total del proyecto: alrededor
de 450 millones de dólares actuales**

Este cálculo nos permite representar el valor de lo más costoso conocido por el hombre en el planeta Tierra: la Tierra misma. Más específico: nuestra biosfera.

Desglosemos esta cifra.

El proyecto de 450 millones de dólares dio lugar a condiciones de vida "similares" a las de nuestro planeta, pero solamente para ocho personas, quienes, además, no vivieron del todo bien. Sin embargo, para efectos prácticos, digamos que el valor aproximado de contar con un ambiente habitable es, para cada persona, análogo al de Biosfera 2. De esta manera, dividamos el costo total entre el número de tripulantes:

$$450,000,000 \text{ dólares}/8 \text{ humanos} = 56,250,000 \text{ dólares/humano}$$

En Estados Unidos, el U.S. Census Bureau informa que, en enero de 2023, la población mundial sumaba:

8 mil millones de habitantes aproximadamente

Seguro ya sabes cuál es el siguiente paso…

Tomaremos el valor total de la población y lo multiplicaremos por el costo calculado antes:

$$8,000,000,000 \text{ humanos} \times 56,250,000 \text{ dólares/humano}$$

Resolviendo y cancelando los términos de humano/humano, el resultado es:

$$\$4.5 \times 10^{17} \text{dólares}$$

o

$$\$450,000,000,000,000,000 \text{ de dólares}$$

Este numerote representa el valor aproximado de nuestra biosfera. Podríamos comprar todos los objetos incluidos en la lista más de 45 millones de veces. ¿Ya sientes el ego elevado? Esta valiosa biosfera es nuestra y de nadie más. Lo mejor de todo es que nadie puede comprarla y es gratis para todos.

Démonos la oportunidad de estar del otro lado y de que el universo entero nos envidie.

Pasemos a otro proyecto espectacular.

Estación Espacial Internacional

Dado que el proyecto Biosfera 2 se realizó hace más de 30 años, podríamos pensar que la tecnología ahora es completamente distinta y recrear un ecosistema ya debería ser una posibilidad. ¿No es así? La respuesta es no.

El único ejemplo que existe que podría semejarse a este proyecto es la Estación Espacial Internacional (EEI), estación espacial modular ubicada en la órbita terrestre baja (408 kilómetros), en la cual han vivido seres humanos de manera ininterrumpida desde 1998. Pareciera ficción, pero en realidad existe.

La EEI viaja a una velocidad cercana a 27,000 kilómetros por hora, 20 veces más rápido que la bala de una pistola calibre 22. Es un proyecto de colaboración multinacional entre las cinco agencias espaciales participantes: Estados Unidos, Rusia, Canadá, Japón y Europa.

Costo real

150 mil millones de dólares aproximadamente

Esta cifra la convierte en el objeto individual más costoso de toda la historia.

La EEI podría considerarse el proyecto de vida aislada más exitoso del que tenemos conocimiento. Pero, en realidad, no es del todo aislado, ya que debe reabastecerse cada dos o tres meses. Desde el año 2000, cada vez que es necesario, se envía un cohete cuya carga consiste mayormente en alimentos, aire y equipo (herramientas, proyectos de investigación, computadoras, refacciones, entre otros artículos). Por lo tanto, el ecosistema en el que habitan depende directamente del ecosistema de la Tierra.

Proyectos como el de Biosfera 2 y la EEI buscan alejarnos de la vida actual para recrearla en otro lado; con ello nos damos cuenta de que lo más valioso está aquí. En el camino aprendemos muchas cosas que nos permiten crecer como sociedad, pero tarde o temprano nos recuerda que somos muy afortunados de tener lo que tenemos, no solo como individuos, sino como especie. Si alejamos la mirada lo suficiente, la raza, las creencias, las guerras y el odio, todo deja de importar.

Nos queda analizar otro proyecto que marcó un hito en la historia.

Proyecto Apolo: la Luna... y la Tierra

Un proyecto que encapsula a la perfección no solo las ideas de este capítulo, sino también a la especie humana, es el proyecto Apolo. A través de este, después de una inversión de muchos millones de dólares, la dedicación de miles de hombres, la solución de cientos de errores y varias décadas de trabajo, llegamos a la Luna para encontrar nuestra propia Tierra.

Reforzando...

En palabras del astronauta William Anders: "We came all this way to explore the Moon, and the most important thing is that we discovered the Earth". En español, su mensaje es: "Vinimos hasta aquí para explorar la Luna y lo más importante es que descubrimos la Tierra". [14]

La imagen que veremos en seguida, apodada *Earthrise* (ascenso/amanecer de la Tierra) es una fotografía tomada en 1968 por Anders durante la misión Apolo 8. En el documental producido en 2018 llamado *First to the Moon: The Journey of Apollo 8*, Anders comparte su recuerdo de ese momento: "De pronto vi la Tierra que emergía sobre la superficie lunar y, sin perder tiempo, comencé a tomar fotos". La fotografía representa un acontecimiento nunca antes visto: la

Tierra aparece en el horizonte lunar y se aprecia en medio de un universo oscuro y vacío.

Fotografía: NASA (Earth Rise- Apollo 8, fotografía de la NASA AS8-14-2383HR tomada por William Anders durante la misión Apolo 8 a la Luna el 24 de diciembre de 1968). https://www.nasa.gov/vision/earth/features/bm_gallery_4.html

Reforzando...

Durante una entrevista con BBC Mundo, con motivo del 50 aniversario de "Earth Rise", el astrónomo mexicano Francisco Diego, profesor de la Universidad de Londres, dijo:

"Para mí tiene un mensaje profundo y directo desde dos puntos de vista. Por una parte, la belleza única de nuestro planeta, pintado de azul y blanco, con manchas marrones y verdes aquí y allá. Una esfera de mármol, un paraíso como no lo hay en ningún otro rincón de nuestro Sistema Solar."

"Por otra parte, aún más importante, la aplastante realidad del aterrador aislamiento e insignificancia de la existencia humana, la fragilidad de nuestro medio ambiente, nuestra atmósfera, nuestros océanos. Un planeta con recursos limitados que debemos conservar y aprovechar sabiamente." [15]

Todo lo que fue, es y será está ahí, concentrado en una pequeña y colorida esfera azul. Es imprescindible cuidar de ella tanto como ella ha cuidado de nosotros.

No es de extrañar que ese primer retrato de ella se haya convertido en una de las imágenes más icónicas del siglo XX y que se le incluyera entre "Las 100 fotos que cambiaron el mundo" en una edición especial de la revista *Life*. También se le acredita el comienzo del movimiento medioambiental y la instauración del primer Día Mundial de la Tierra en 1970, pues propició que se tomara conciencia de cuán delicado es nuestro hogar.

La antimateria, la biosfera, la vida, la Luna, la Tierra y su trascendencia son maravillas que merecen que nos sintamos agradecidos por ellas. Codiciar lo ajeno nos aleja más que cualquier otra cosa de poder agradecer todo lo bueno que hay en nuestra vida.

Retomamos...

Volviendo al tema planteado al inicio del capítulo, la envidia es un enemigo mortal de la gratitud y la perspectiva resulta fundamental para erradicarla. No podemos desaparecerla del mundo, pero sí identificarla para poder usarla a nuestro favor. Como vimos con los ejemplos presentados, muchas veces la envidia es causada por cosas que en realidad no tienen importancia, en tanto que las que en verdad valen la pena se dan por hecho. Captar y comprender esta ironía y aquello por lo que podríamos ser envidiados ayudaría a disipar las emociones negativas.

Ahora sabemos que la composición de nuestro entorno es en extremo inusual y que, aun tras siglos de avances tecnológicos, parece que es imposible recrear nuestro ecosistema. Esta biosfera que nos da vida es única y, hasta donde sabemos, no existe otra que haya dado lugar a la vida como la conocemos. Las condiciones que este planeta nos regala para habitarlo son más que envidiables. En los lugares en los que la vida no pudo desarrollarse, envidiarían que aquí sí se dieron las condiciones necesarias. Dejemos de envidiar a otros y empecemos a agradecer el poder gozar de algo tan absurdamente valioso sin gastar un centavo.

Esta es solo una razón más para ser agradecidos...

CAPÍTULO 4
Gracias conciencia

Preguntas sin respuesta

Cuán gratificante es saber que nunca lo sabremos todo...

¿Alguna vez te has preguntado por qué los seres humanos hacemos preguntas? Desde el comienzo de la humanidad, hemos vivido planteando innumerables preguntas. Es nuestra naturaleza. Warren Berger, autor de *A More Beautiful Question*, dice que los niños hacen un promedio de 40,000 preguntas entre las edades de dos y cinco años. Es normal que, al no saber algo, tengamos el deseo de buscar una explicación y entenderlo. Nacemos con este regalo; la curiosidad por el entorno natural que nos rodea resulta tan vital para el humano como la respiración o el sueño. En nuestra ignorancia encontramos la semilla de toda expedición hacia el futuro y la prosperidad. Una pregunta nace en todos y cada uno de los rincones de la mente y nos impulsa a aventurarnos a explorar para responderla. [16]

Esta búsqueda de "la verdad" de las cosas ha persistido desde el despertar de la conciencia, si no es que esta despertó gracias a tal búsqueda. ¿Nos hacemos preguntas desde que somos conscientes, o somos conscientes desde que nos hacemos preguntas?

Las primeras respuestas

La religión es una forma de explicar "la verdad" pues resuelve las preguntas más primitivas que habitan la conciencia humana: ¿Quiénes somos? ¿De dónde venimos? ¿Qué debemos hacer? ¿Qué nos depara el futuro? La religión, cualquiera que profeses, te ayudará a resolver tus preguntas sobre la existencia física y espiritual. Analicemos los dos tipos de religiones.

Religiones monoteístas

Las religiones monoteístas se basan en reconocer a un solo Dios: Jesucristo en el cristianismo, Jehová en el judaísmo, Alá en el islam, Waheguru en el sijismo, entre otras.

En términos de las dos primeras, consideremos el primer libro de la Torá o Pentateuco y, por ende, el primer libro del Tanaj judío y del Antiguo Testamento de la Biblia cristiana: el Génesis. En este texto sagrado:

- Se describe la creación del mundo y de los seres que lo habitamos, desde el punto de vista religioso. Bien se trate de un texto literal o metafórico, a lo largo de la historia muchos creyentes han aceptado esta respuesta respecto del origen del mundo como la "verdad".

- Se enseña de manera primordial que todo lo que se nos ha otorgado ha sido un regalo divino.

- Se señala que el saber vivir parte de la toma de conciencia sobre nuestras decisiones.

- Se indica que, si las decisiones que tomamos son malas, nos lesionamos a nosotros mismos y a lo que nos rodea.

En otras palabras, se presenta un relato para interpretar que todo lo que nos rodea es un obsequio de Dios y no queda sino agradecerlo, valorarlo y aprovecharlo al máximo.

Religiones politeístas

Por su parte, las religiones politeístas suelen parecerse, ya que asignan el título de Dios a fenómenos de la naturaleza y de la espiritualidad.

Muchas de estas deidades se repiten en múltiples religiones: deidad de la creación, de la muerte, del sol, de la luna, del agua, del amor y muchas más.

Grandes civilizaciones que dominaron sus territorios durante largos años eran politeístas:

- En Mesopotamia, la sumeria y la acadia (con cerca de 3,600 deidades).

- En el norte de África, la egipcia (con alrededor de 1,400 dioses) y la cartaginesa (con ocho dioses principales y más).

- En Asia, la china (con su religión tradicional con 17 dioses diferentes), la india (con el hinduismo con más de 300 millones de dioses) y la japonesa (con el sintoísmo con diversas deidades).

- En Europa, los griegos (con 12 deidades) y los romanos (con 12 principales y más).

- En América, la azteca (con cerca de 30 deidades), la maya (con ocho dioses principales más otros), la olmeca (con el jaguar y otros dioses) y la teotihuacana (con dos dioses principales y más), entre otras, en lo que hoy es México, y la inca (con tres dioses principales) en Perú.

- Otras que hoy en día aún se practican, como la santería y varias religiones neopaganas.

Las similitudes entre estas religiones adoptadas por civilizaciones tan dispares por diversos aspectos, demuestran que, pese a haber cientos o miles de años de diferencia y enormes distancias que las separan, las preguntas son similares. Para responderlas, sus miembros, necesitados de una explicación razonable que saciara su hambre, otorgaban la cualidad de dioses a fenómenos que consideraban sagrados y que les resultaban inexplicables.

Esto no les dejaba más que un valioso recurso: simplemente agradecer el "regalo divino" que se les había otorgado.

Ciertamente, desde el punto de vista espiritual, Dios no es más que aquello que nunca seremos capaces de explicar. Cuando esto sucede y solo queda agradecer, llega Dios. No es coincidencia que tanto ateos como religiosos digan "gracias a Dios" como expresión automática cada vez que sucede algo bueno o sienten alivio.

Un término muy puntual proveniente de Medio Oriente es Shukr, que viene a colación por ser un concepto árabe que denota agradecimiento, gratitud o reconocimiento por parte de los seres humanos, lo cual es una virtud muy estimada en el islam. Puede usarse también si el sujeto es Dios, en cuyo caso toma el significado de "capacidad de respuesta divina". Una parte importante de estar agradecido con Alá (SWT) —o Subhanahu Wa Ta'ala, mención honorífica de Dios: "Gloria a Él, el Exaltado"— es reconocer y apreciar a las personas que nos rodean. Por supuesto, esto será muy difícil si estás enojado con ellos, si te irritan o si te desagradan de forma particular. Sin embargo, la verdadera gratitud no toma en cuenta ninguno de estos sentimientos; a ese tipo de personas también se les agradece, al poner en práctica tu tolerancia y tu carácter.

Reforzando...

La gratitud se menciona en el Corán (14:7), donde está escrito: "Si sois agradecidos, os daré aún más, pero si sois desagradecidos... es cierto que Mi castigo es intenso". [17]

Ejercicio

Dejemos de lado lo anterior y hagamos un ejercicio de reflexión. Pongámonos en el lugar de un nómada que vivía en el año 5,000 antes de Cristo. Para caer en cuenta de cuán antigua es esa época, por esas fechas el invento más novedoso era, literalmente, la rueda. Empezaban a establecerse en el río Nilo algunos grupos que vagaban por el norte de África, quienes después de muchos años se unificarían para convertirse en el gran imperio egipcio, una de las civilizaciones más poderosas y emblemáticas de la historia.

Imaginemos que vamos caminando en una zona al norte del planeta, en busca de comida o de algún animal para cazar. De pronto, empieza a caer la noche y aparece una luz radiante que, amalgamando los colores verde, morado, amarillo y azul luminiscente, se mueve a lo largo y a lo ancho del cielo. Pareciera bailar de forma arbitraria. Nuestra mirada se queda clavada en ese extraño y enigmático fenómeno. ¿Qué sentiríamos? ¿Qué dudas nos invadirían? No tendríamos forma de explicar lo que vimos. Si nos dijeran que son los espíritus de nuestros antepasados que bailan en una fiesta en el otro mundo, lo creeríamos. Intentando explicar aquello que escapa a nuestra comprensión lógica, podríamos atribuirle esta aparición a un ser sagrado o utilizar alguna metáfora que lo hiciera más amigable y fácil de interpretar. Y es que el Universo acaba de regalarnos una experiencia auténticamente divina... Un fenómeno extraordinario.

Hoy conocemos a este fenómeno como Aurora Boreal y sabemos que aparece cuando el sol emite una radiación causada por la fusión nuclear del hidrógeno que surge en su interior, también conocida como viento solar. Al ser un imán gigantesco, nuestro planeta genera campos magnéticos enormes. Una zona del espacio llamada magnetósfera está controlada por dichos campos y se ubica a cerca de 6,400 km de nosotros. Esta propiedad es una de las razones principales por las que hay vida en nuestro planeta. Gracias a esos campos, casi toda la radiación que hay en el espacio es desviada, muy poca logra atravesarlos. Sin embargo, las que lo logran se componen de partículas con mucha carga energética, lo cual las hace brillar. Atraídas por los polos norte y sur del imán, se concentran en esas zonas de nuestro planeta.

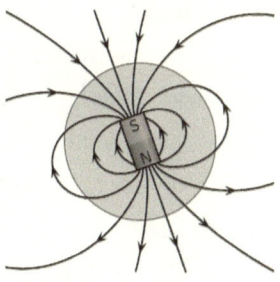

El método científico

Todo cambió cuando entró en escena Ibn al-Haytham —a quien también se le conoce como Alhacén—, un físico árabe nacido en Basora, Irak, aproximadamente en el año 965 después de Cristo. Además de sus aportaciones a los principios de la óptica y la astronomía, se le reconoce como el padre del famoso método científico. Dotó al mundo de un sistema aparentemente más eficaz para explicar "la verdad" que la propia fe: una metodología basada en la observación sistemática, la medición, la experimentación, la formulación, la modificación y el análisis de una hipótesis, en el que las preguntas se responden de manera un tanto más rígida. Ya no basta con creer que algo es cierto para que se convierta en una verdad. Su fundamento principal es que, para que algo se considere como una "verdad", deberá ser comprobable.

No obstante, aquí veremos por qué, aun con esta herramienta tan eficaz, seguimos siendo muy parecidos a nuestros antepasados, aquellos que hacían sacrificios de seres humanos pues creían que, de no hacerlo, encolerizarían a sus deidades y esto podría incluso implicar que el sol no volviera a salir.

Durante largos siglos, muchas personas han dedicado su vida entera a responder grandes preguntas en los campos de ciencias como la física, la biología, la astronomía y la química. Desde por qué las cosas caen al suelo o por qué los humanos comparten cerca del 60% de su ADN con los plátanos, hasta cuál es el origen de nuestro universo. Esta dedicación es ahora cada vez mayor y más notoria; resulta asombroso lo que la humanidad es capaz de hacer con tal de saciar su curiosidad.

En el capítulo 10 veremos cómo aplicar este método en diversas situaciones de la vida, y apreciar cuán útil y práctico resulta. Y esto no se limita al ámbito de las ciencias, sino también a nuestra percepción individual de lo que nos rodea.

Así como un fumador no puede evitar decir que va a dejarlo, a un texto que habla de ciencia no le puede faltar un poco de Newton y Einstein…

Sir Isaac Newton

Este reconocido físico, teólogo, inventor, alquimista y matemático nacido en Inglaterra cambió por completo la forma en la que vemos al mundo. Durante toda su vida su tarea esencial fue responder preguntas. En su trascendental obra *Philosophiæ naturalis principia mathematica* —más conocida como los Principia— explica conceptos como la ley de la gravitación universal, establece los fundamentos del cálculo matemático y sienta las bases de la mecánica clásica mediante las leyes que llevan su nombre.

Catalogada como la obra científica más importante de la historia, presenta la primera síntesis de la aplicación de las matemáticas a la naturaleza en cada detalle.

Reforzando...

Calificado como el padre de la Ilustración —uno de los movimientos intelectuales más importantes de la historia de la humanidad— o conocido simplemente como el chico a quien le cayó una manzana en la cabeza, Newton, quien dio respuesta a muchas de las preguntas más fundamentales en su tiempo, murió sin responder una de las preguntas que más le interesaban. En sus palabras: "La gravedad debe ser causada por un agente que actúa constantemente de acuerdo con ciertas leyes, pero si este agente es material o inmaterial es una cuestión que he dejado a la consideración de mis lectores". [18]

En otras palabras, Newton nos dice que sabe *cómo funciona* la gravedad, pero, en realidad no sabe *qué es*. Nunca lo supo. Dejó un capítulo abierto, hojas en blanco, un espacio por llenar. Le regaló al mundo una pregunta toral que permaneció sin respuesta durante casi 300 años, hasta la llegada de un joven alemán llamado Albert.

Albert Einstein

Einstein observó sagazmente que la física que se enseñaba no estaba completa por este pendiente "irremontable". Los estudiosos daban por hecho que si Newton no pudo resolverlo, no valía la pena intentarlo. Pero Einstein, ese personaje de los pelos de punta y el bigote tupido, logró contestar esta y muchas otras preguntas. Dedujo que lo único que había en el espacio vacío era el espacio mismo, que los planetas ejercen fuerzas entre sí sin siquiera tocarse, tema que la mecánica de Newton no explicó. Reinventó toda la física fundamental para concluir que, si lo único que había entre los planetas era espacio vacío, el espacio mismo es lo que actúa como una pendiente que provoca que estos se atraigan. A dicho fenómeno se le llama "la curvatura del espacio-tiempo".

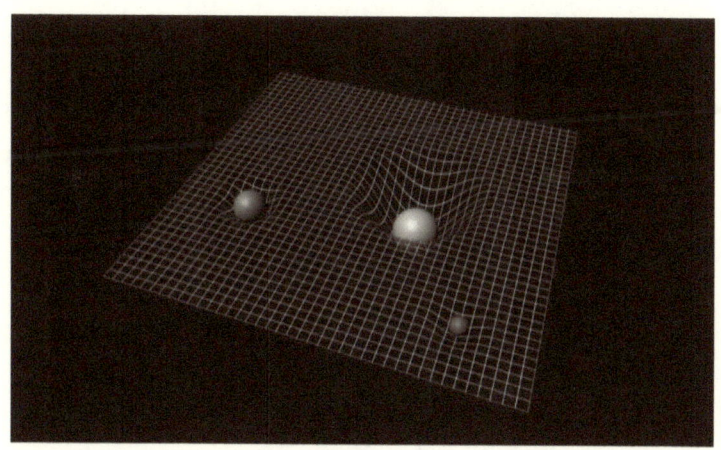

Curvatura del espacio-tiempo en función de la masa.

Crédito: Agencia Espacial Europea. https://www.esa.int/ESA_Multimedia/Images/2015/09/
Spacetime_curvature

Los detalles técnicos no son relevantes para comprender por qué —como ya mencionamos— después de tanta historia y tantos conocimientos adquiridos, somos aún tan semejantes a nuestros ancestros. Lo que sí es importante es que este apabullante descubrimiento de Einstein, junto con muchos otros —como que al viajar a velocidades próximas a la de la luz el tiempo se mueve con mucha mayor lentitud y el espacio, literalmente, se comprime—, nos hicieron creer que comprendíamos mejor el mundo, cuando, de hecho, sus respuestas solo nos dejaron con más preguntas. Si bien las aportaciones de este genio del siglo XX nos permitieron comprender mejor el universo, también sucede lo contrario. Cuanto más nos adentramos en intentar explicar cómo funciona el universo que habitamos, más nos confunde.

Reforzando...

Dos grandes mentes expresaron, en épocas y contextos muy diferentes, la misma idea. Tenemos a Sócrates (si suponemos que en efecto proviene de él pues no hay evidencias tangibles) y la famosa frase "Yo solo sé que no sé nada". Y a Richard Feynman, ganador del premio Nobel de Física de 1965 con la frase "Quien cree que entiende física cuántica, no entiende física cuántica". Coincidencia o no, el mensaje es muy claro. [19]

¿Y la gratitud?

Parece ser que, a pesar de haber formulado y contestado innumerables preguntas en la historia de la humanidad, aún ignoramos mucho sobre la creación de nuestro universo. Así como nuestros antepasados dejaban lo que no podían resolver en manos de las divinidades, hoy día, con todo y los enormes avances alcanzados, seguimos haciendo lo mismo. Esto fortalece el concepto que inauguró este capítulo: "Cuán gratificante es saber que nunca lo sabremos todo... ", ya que las preguntas sin respuesta le dan sentido a la vida y dejan espacio para apreciar lo sagrado y sentir emoción por el futuro. Mientras no haya explicación, lo único que queda es aceptar y contemplar. Agradecer todo aquello con lo que hemos sido bendecidos: una familia; un amigo; un cuerpo; un mundo habitable; la conciencia; un cielo repleto de estrellas; una comida caliente; una buena canción; el sol; un atardecer y todo lo que nos rodea… Y, lo más importante, este momento.

Reforzando…

En un salto de varios siglos hasta la cultura pop, comparto lo expresado por una sabia tortuga en la película de Kung Fu Panda: "El ayer es historia, el mañana es un misterio, pero el hoy es un regalo… de ahí su nombre: el presente". [20]

El presente, este instante, es una oportunidad de agradecer que estás aquí y ahora. Este momento de saber que estás presente —¡VIVO!— es la mayor oportunidad de todas: ser consciente de tu existencia.

Reflexión para meditar y profundizar sobre la naturaleza

Hasta donde alcanza nuestra comprensión, los seres humanos somos, de cierta forma, los únicos capaces de apreciar la belleza de la naturaleza y la belleza de lo que la naturaleza alberga.
   La naturaleza:

- Muestra una indiferencia intrínseca.

- No es hostil ni benévola.

- Actúa sin actuar y a través de ella todo se hace.

- Se expresa sin expresarse.

- Es sin ser (solo una persona agradecida tiene el potencial de mirar y revelar su verdadero ser; de darse cuenta de que cada acción, cada rincón, cada objeto, cada ente, no está aislado de ella, todo es parte de todo, parte de ella y, por lo tanto, de nadie).

Al percatarnos genuinamente de la naturaleza y de sus bondades, avanzamos en la práctica de la gratitud. Una vez que encontramos asombro en su extensión a través del todo, desbloqueamos esta sutil sensibilidad de apreciación y establecemos la armonía con el mundo que tenemos el privilegio de presenciar. Ahora podemos valorar cada instante porque, creámoslo o no, somos mortales y la perfecta indiferencia natural nunca nos ha demostrado lo contrario.

Entenderla es afortunado. Al saber que es igual de hermoso ver una fruta descomponerse que ver una madurar en su esplendor, captamos la utilidad vital de estos pequeños procesos interdependientes que parecen insignificantes. Sin ellos, ella no es y ella es todo lo que es. Para quien lo tiene claro, envejecer será tan inevitable como hermoso. La única diferencia entre la materia y la energía de la fruta que lentamente se descompone tomando otra forma y la de nosotros, es que, por un breve pero brillante momento, podemos apreciar, amar, reír, llorar, sentir, aprender y realizar todo lo que nos hace humanos. ¿Qué soy yo, sino materia y energía prestada del Universo, al cual le agradezco me brinde la oportunidad de apreciarlo?

La naturaleza es la conciencia que me impulsa a escribir estas palabras, a darles sentido; a leer, pensar, reflexionar y decidir; a comunicar la invaluable oportunidad de la que gozo, sea breve o prolongada. Somos la parte de la naturaleza que es capaz de percibirse a sí misma. Somos la naturaleza mirando dentro de sus propios ojos. Somos el Universo apreciando al Universo por un breve instante de la escala cósmica y una de las mejores formas de aprovecharlo es agradecerlo. De tal forma, en vez de trágicamente lamentar que el tiempo se ha terminado, al momento de partir, damos felizmente las gracias por haber tenido el privilegio de vivir en tan complejo pero sencillo universo y por aquellos con quienes lo compartimos.

Reforzando...

Para cerrar, reflexionemos con sencillez sobre las meditaciones de Marco Aurelio: "Cuando te levantes por la mañana, piensa en el precioso privilegio que es estar vivo: respirar, pensar, disfrutar, amar". En verdad, es un privilegio. Este capítulo "Gracias conciencia" representa una guía para, a partir de formular y responder preguntas, apreciar nuestra invaluable lucidez. [21]

Despierta y vive consciente, no permitas que esta oportunidad solamente pase frente a tus ojos. Ahora, una última pregunta: ¿Qué harás con esta oportunidad llamada vida?

CAPÍTULO 5
Gracias con ciencia

La gratitud no solo se expresa en la filosofía, la espiritualidad y la religión. Nuestros avances tecnológicos y científicos nos permiten conocer en concreto los beneficios directamente ligados a nuestro bienestar físico y mental. Habrá quienes crean que esta es una práctica *hippie* carente de eficacia y de evidencias para tomarse en serio. Adoptar esta mentalidad conlleva consecuencias a nivel cerebral que han sido avaladas por estudios científicos en áreas como la psicología, la neurociencia, la medicina y la química. Según los resultados obtenidos, ser agradecido —es decir, sencillamente dar las gracias y brindar

reconocimiento– más a menudo, impacta gradualmente nuestro bienestar.

Ser agradecido y cultivar esta forma de pensar en la vida cotidiana reconfigura nuestro cerebro, literalmente. Hablemos primero de la corteza prefrontal medial. Esta región del cerebro es esencial para las respuestas automáticas, emocionales y de alerta que se integran en la conducta. También se encarga de la motivación, la memoria espacial y la coordinación bimanual, así como de determinar el contexto de las situaciones que requieren una respuesta rápida para poder actuar.

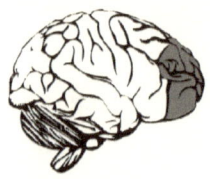

Se han estudiado dos mecanismos muy comunes que son configuraciones del cerebro, los cuales abordaremos a continuación. [22] [23] [24]

Mecanismo aversivo

Este mecanismo activa, por ejemplo, las conductas defensivas y el miedo.

Mecanismo prosocial

Consiste en los llamados circuitos neuronales de la conducta social y está influenciado por los estilos de crianza, la confianza interpersonal, el apoyo social, las características cognitivas, la emoción moral, los rasgos de personalidad, así como las situaciones sociales.

Se ha comprobado que actuar con gratitud adecuadamente activa esta configuración neuronal. Al ser una forma de perspectiva, el cerebro se adapta a la nueva estructura. La región del cerebro en cuestión es especialmente maleable, propiedad que se conoce como neuroplasticidad.

Si bien la configuración prosocial se aprovecha con prácticas como la gratitud, también se obtienen resultados positivos con efectos semejantes a los que los fármacos, el ejercicio y otros detonantes de serotonina o dopamina brindan. La nueva organización de conexiones neuronales de la que hablamos está directamente relacionada con beneficios para la salud de las personas, más allá de nuestra imaginación, dado que el cerebro está conectado a todo nuestro cuerpo.

Agradece lo que tienes

El doctor Robert A. Emmons —psicólogo, autor y profesor estadounidense de la Universidad de California, cuyas investigaciones se enfocan principalmente en la psicología de la personalidad, la psicología de las emociones y la psicología de la religión— y el doctor Michael E. McCullough —psicólogo y autor estadounidense—, realizaron una importante investigación llamada *Counting Blessings Versus Burdens: An Experimental Investigation of Gratitude and Subjective Well-Being in Daily Life*, cuya traducción literal es "Contar bendiciones versus cargas: una investigación experimental de la gratitud y el bienestar subjetivo en la vida diaria". [25]

Reforzando...

El nombre del estudio parte de un conocido dicho inglés: "Count your blessings" ("Cuenta tus bendiciones"), que significa, entre otras interpretaciones, "Toma en cuenta lo que tienes, aquello con lo que se te ha bendecido... y no te abrumes por lo que no tienes o por los problemas que enfrentas".

Su estudio es uno de los más significativos vinculados con la gratitud, gracias a la calidad de los resultados derivados de una buena metodología. La investigación se centra en el análisis de los efectos de practicar, de forma recurrente, la gratitud.

Emmons y McCullough llevaron a cabo tres experimentos en serie. Con el fin de adecuar lo más posible los resultados a la población en general, se seleccionó una muestra de participantes para los dos primeros experimentos. La muestra la conformaban estudiantes universitarios con buena salud. Por su parte, la muestra de su tercer experimento se conformaba de participantes adultos con trastornos neuromusculares tanto congénitos como adquiridos. En cada grupo experimental se pidió a algunos participantes que llevaran un registro semanal durante 10 semanas y a otros, uno diario durante tres semanas.

Los seleccionados para llevar registros semanales o diarios en cada experimento fueron divididos en tres subgrupos, a saber:

- El grupo A debía registrar cosas que agradecían o "contar sus bendiciones".

- El grupo B debía registrar cosas que les resultaran molestas o irritantes.

- El grupo C debía anotar cosas que les hubieran generado alguna clase de impacto importante, positivo o negativo.

En cada muestra se registraba el estado de ánimo, el comportamiento, las maneras de afrontamiento, el estado de salud, síntomas físicos y valoraciones generales subjetivas. Tras registrar y analizar la información de los tres experimentos, Emmons y McCullough encontraron dos tendencias principales en los resultados.

- Primera. Los participantes en el grupo que registró las cosas que agradecían mostraron niveles más altos de bienestar que los de los dos grupos de comparación, en particular el B.

- **Segunda.** Los efectos positivos de una perspectiva agradecida para los participantes en el estudio de mayor duración (10 semanas frente a tres semanas) resaltaron el bienestar general, incluidos los beneficios en su comportamiento social y bienestar físico.

Este estudio, al igual que muchos otros estudios y artículos científicos, ayuda a conocer los beneficios que la gratitud otorga a quienes la practican en su cotidianidad.

Para fines prácticos, a continuación encapsulamos los resultados en dos áreas principales, la salud física y la salud psicológica. [26] [27]

Salud física

La gente agradecida regularmente presenta reducción de la presión arterial y los dolores crónicos, aumento de energía e incluso aumento de su esperanza de vida.

Los beneficios de la gratitud para la salud física han sido demostrados por diversos estudios, casi todos realizados por expertos en psicología que abordan conclusiones ligadas directamente a resultados en el mejoramiento neuronal. A la par de dichas investigaciones, se han descubierto consecuencias para la salud física.

En su mayoría podemos encontrar la relación entre las personas agradecidas y el cuidado de su salud. Estas personas adoptan comportamientos más conscientes sobre su bienestar general, por ejemplo:

- Practicar ejercicio de manera más cotidiana.

- Retomar la práctica de algún deporte de su agrado.

- Adoptar un régimen alimenticio más apropiado.

- Someterse a estudios clínicos con mayor frecuencia.

Esto se debe a que, como vimos al inicio de este capítulo, la zona del cerebro activada con la gratitud está ligada a la motivación y al contexto de las acciones.

Ejemplo

Si optamos por hacer ejercicio, esta región sabe que el dolor es positivo, ya que en un futuro seremos recompensados. Determina la perspectiva para hacer o alejarse de una acción en específico. Motiva al cuerpo a hacer cosas por un bien más grande. Gran parte de esta motivación viene de agradecer todo lo que nuestro cuerpo hace por nosotros para devolver el favor cuidando un poco más de él.

Reforzando...

Emmons llevó a cabo también el estudio llamado *"The Grateful Heart: The Psychophysiology of Appreciation"* (El corazón agradecido: la psicofisiología del reconocimiento). En él se comprueba que la gratitud está directamente vinculada con el mejor funcionamiento del ritmo cardiaco y la reducción de la presión arterial. [35]

Beneficios para la salud física

Los estudios comentados coinciden en que los principales beneficios que una actitud agradecida aporta para la salud física son los siguientes:

1. Niveles más altos de alerta, vitalidad, entusiasmo, determinación, optimismo, atención y energía. En otras palabras, ser agradecido nos aviva, nos impulsa, nos inyecta una actitud positiva. [28] [29]
2. Menos síntomas físicos como dolores de cabeza, tos, náuseas o dolores corporales. [30]
3. Aumento de la inmunidad tanto en personas sanas como en aquellas enfermas. [31]
4. Incremento en la frecuencia de la actividad física. [32]
5. Más y mejores horas de sueño. [33] [34]

Salud psicológica

Hay evidencias de que la gratitud incrementa la resiliencia psicológica y aumenta nuestra adaptabilidad a situaciones adversas o incómodas. Aquí analizaremos un estudio al respecto, el realizado por el doctor Emmons llamado "Gratitude as a psycho-therapeutic intervention" (La gratitud como una intervención psicoterapéutica). Como bien se deduce por su título, se trata de una investigación centrada en nuestro tema principal. En palabras de Emmons, la gratitud sirve como un amortiguador del estrés, incrementa el estado de felicidad y reduce la depresión.

En su estudio, Emmons resalta que la gratitud no es una emoción para el beneficio individual únicamente, sino que también mejora el comportamiento y la interacción del colectivo. En su publicación nombra a la gratitud como una virtud cívica porque mejora el estado psicológico de quienes la ejercen en su día a día y optimiza las relaciones tanto intrapersonales como interpersonales. Su trabajo también demuestra de forma muy puntual que las personas agradecidas son menos propensas a sentir envidia, enfado, temor, resentimiento o arrepentimiento y a atravesar por estados de estrés en general.

En cuanto a la conducta social interconectada, un análisis reciente utilizó datos de 65 artículos, con un total de 91 estudios y 18, 342 participantes. Con ellos se logró evaluar la elevada relación entre la gratitud y el comportamiento prosocial. Se concluyó que había un vínculo positivo estadísticamente significativo entre ser agradecido y ser prosocial. [36]

Todos estos beneficios han sido acreditados por la ciencia, ya que la gratitud actúa como un catalizador de conexiones neuronales creando conexiones cerebrales que detonan la producción de dopamina y serotonina. La mera adopción de una forma de pensar te permitirá reproducir los efectos de comer chocolate sin preocuparte por subir de peso. Estos neurotransmisores de bienestar activan los sentimientos de felicidad y relajación, a la vez que reducen la ansiedad. [37]

Si pensamos así con regularidad, podremos adaptar la corteza prefrontal a retener las experiencias y los sentimientos positivos, lo cual propicia la creación de memorias más agradables y, por consiguiente, el aumento de la positividad. Cuando se retienen pensamientos de reconocimiento, experiencias y pensamientos positivos, el cerebro rechaza la negatividad con mayor frecuencia. La gratitud actúa como un blindaje mental.

Ejercicio

Para poder activar esta configuración neuronal recomendamos prácticas sencillas y populares de gratitud como:

- Llevar una agenda física o digital de las cosas que agradeces al despertar o antes de dormir.
- Dar las gracias con mayor frecuencia.

Recibirla es grato

Sin embargo, el espectro completo de gratitud se activa también cuando la recibimos. Vale la pena resaltar esta idea:

procuremos estar alerta cuando alguien nos da las gracias o cuando otras personas nos muestran gratitud. Así podremos detonar nuestra atención a la gratitud en todas sus versiones. ¿Cuán a menudo deberás practicarlo? Siempre que puedas y quieras ver que está ahí, o sencillamente, cuando lo recuerdes. Si bien habrá días en que lo olvidaremos, ejercitar este tipo de atención es un trabajo muy satisfactorio. Si esta evidencia nos convence, se presentarán las oportunidades de ponerla en práctica con mayor frecuencia.

Ejercicio

Formas de aplicar la gratitud

- **Celebra tus logros.** No importa si se trata de un logro menor ni cuál es el tamaño de la celebración. Lo importante es que al hacerlo, reconoces los pasos que das y agradeces el camino que decidiste tomar. Poco a poco estos pequeños logros formarán parte de uno mayor. Esta práctica te ayudará a centrarte en lo que tienes, en dónde te encuentras ahora y no en sufrir por lo que crees que te hace falta.

- **Dile a quienes están a tu lado algo que aprecias.** Dile incluso a tu propio ser algo que aprecias de ti mismo. Verás que siempre recibirás una respuesta positiva. Y es que la gratitud mejora la más importante de todas las relaciones, la que sostienes contigo mismo.

- **Sonríe.** Aunque tengas que forzarlo. La ciencia demuestra que la posición exacta de los músculos faciales cuando esbozas una sonrisa —aunque sea falsa— activa de inmediato el estado de felicidad. Ponlo a prueba ahora mismo, aunque haya gente mirando.

- **Haz algo por alguien más.** No tienes que fingir ser el chofer de tu amigo para su siguiente cita. No cubras a tu colega una semana en el trabajo. Basta empezar con actos tan sencillos como detener la puerta para el extraño que viene detrás de ti. Esto se refleja en la bondad y en la generosidad, virtudes directamente relacionadas con la gratitud y el comportamiento prosocial.

- **Medita.** Meditar es regalarte un espacio para nutrir tu cuerpo y tu mente, para gozar de tranquilidad, conciencia y reflexión. No hablo necesariamente de la meditación estereotípica que requiere prender incienso y sentarse en posición de pretzel sobre un tapete o, de plano, sobre un peyote. Hablo de despejar tu mente de distracciones y escucharte a ti mismo. La forma óptima de enfocar una meditación es pensar en las cosas que agradeces.

Y el tema sigue evolucionando

La mayoría de los estudios científicos sobre la gratitud comenzaron a realizarse hace muy poco tiempo. Antes de la década de 2000, la cantidad de artículos experimentales sobre el tema era casi insignificante. En los últimos años hemos observado un incremento exponencial de evidencia que sustenta, de forma veraz, su eficacia. En estas páginas resumimos mucho de lo descubierto recientemente, información que ahora se actualiza día con día. La gratitud seguirá explorándose en profundidad en los años por venir y sabemos que valdrá la pena mientras más personas opten por darle una oportunidad para comprobar por sí mismas cuán beneficiosa puede resultar a lo largo de su vida. Redescubramos todo lo bueno que ya tenemos.

Beneficios para la salud psicológica

Por último, presentamos una síntesis de un artículo con múltiples fuentes que encapsula en 31 puntos todos los beneficios que la gratitud puede brindar. [38]

Cómo la gratitud afecta el estado emocional

La gratitud:

1. Nos hace más felices.
2. Hace que la gente nos quiera.
3. Nos hace más saludables.
4. Impulsa nuestra carrera laboral.
5. Fortalece nuestras emociones positivas.
6. Desarrolla nuestra personalidad.

Cómo la gratitud afecta la personalidad

La gratitud:

7. Nos hace más optimistas.
8. Reduce el materialismo.
9. Aumenta el espiritualismo.
10. Nos hace menos egocéntricos.
11. Aumenta la autoestima.

Cómo la gratitud afecta la salud

La gratitud:

12. Mejora tu sueño.
13. Te mantiene alejado del médico.
14. Te permite vivir más tiempo.
15. Aumenta tus niveles de energía.
16. Te hace más propenso a practicar ejercicio.
17. Te ayuda a recuperarte.
18. Te hace sentir bien.
19. Alegra tus recuerdos.
20. Reduce la envidia.
21. Te ayuda a relajarte.

Cómo la gratitud afecta la interacción social

La gratitud:

22. Te hace más amigable.
23. Ayuda a tu buena relación matrimonial.
24. Te ayuda a quedar bien.
25. Te ayuda a hacer amigos.
26. Profundiza tu amistad con otras personas.

Cómo la gratitud afecta la carrera laboral

La gratitud:

27. Te convierte en un líder o trabajador más eficaz.
28. Te ayuda a establecer contactos.
29. Aumenta el índice de logro de tus metas.
30. Mejora tu toma de decisiones.
31. Aumenta tu productividad.

Ejercicio

Elige un beneficio al azar, cualquiera de la lista. Deja caer tu dedo sobre alguno. Probablemente falte algo de sustento para ligar todos los puntos directamente con la gratitud; aun así, imagina un escenario muy pesimista en el que solo uno (el que escojas) fuese cierto. Es decir, solo el 3.22% de la información. ¿No es esta razón suficiente para ponerlo a prueba en nuestra vida cotidiana? Y, si todos son ciertos —según se afirma en los estudios—, ahora tienes 31 veces el número de razones para intentarlo. Actúa en consecuencia.

Capítulo 6
Ingratitud

En este capítulo hablaremos de los opuestos. Para adentrarnos en el correspondiente a nuestro tema principal, primero expondremos un contrario muy popular: la oscuridad...

Los seres humanos solemos tener sensaciones negativas respecto a la oscuridad. Casi siempre se trata de una reacción natural, integrada en nuestra genética por el fenómeno de la evolución: nos encontramos en desventaja debido a nuestra limitada capacidad visual, que nos hace más vulnerables ante los depredadores. ¿Cómo se relacionan la gratitud y la oscuridad? En física, la oscuridad no existe en realidad. Es, por definición, la carencia de fotones. En otras palabras, la oscuridad es, literalmente, un fenómeno físico que ocurre cuando hay ausencia de luz.

Análogamente, según el diccionario de Oxford, la ingratitud se define como la falta de agradecimiento. Para erradicar la oscuridad basta agregar al sitio donde esta reina, una fuente luminosa (a más luminosidad, mayor nitidez visual). La ingratitud funciona de la misma manera: para opacarla basta agregar gratitud a la ecuación. Para nuestros fines, la relación luz-oscuridad/gratitud-ingratitud propicia una útil comparación del mundo físico y el social.

Este capítulo se orienta a explicar qué es una persona ingrata, qué males genera, cómo identificar esta conducta y qué podemos hacer al encararla.

A continuación, se presenta un breve relato que será una herramienta valiosa para señalar los comportamientos de naturaleza grata e ingrata y evaluar sus consecuencias.

Relato

Paso por el desierto

Así como en el cuento de los tres cochinitos, nuestro breve relato habla sobre tres diferentes seres humanos. Cada uno, perdido en el desierto, camina desolado, exhausto y sediento en busca de la más mínima señal de esperanza.

Nuestro primer desolado empieza su recorrido antes que los otros dos. Camina en un desierto nunca antes andado por otro humano. Este primer desolado, en su último esfuerzo esperanzado, a tan solo unos pasos de rendirse, mira hacia el horizonte. En un increíble golpe de suerte, encuentra un oasis. Un pequeño y perfecto pedazo de paraíso. Árboles con frutas, un estanque de agua, sombra. ¿Qué más podía pedir? Un auténtico regalo. Lleno de alegría e ilusión, completamente agradecido y consciente de su buena fortuna, corre hacia él. Llega al estanque y es tanto su agradecimiento que con mucho respeto usa las manos para beber agua y refrescarse el rostro. Toma las frutas que necesita. Toma una siesta. Al despertar, en un momento de reflexión y a sabiendas de que debe seguir su camino, decide antes devolver un poco de lo que ha recibido. Llevado por la gratitud por esta gran oportunidad, quiere ahorrar el sufrimiento que él padeció a quien sea que se encuentre en la misma situación. Elige hacer el bien sin mirar a quién, dejar tras de sí un mejor lugar para los siguientes caminantes, cargando piedra tras piedra. Traza un sendero que guíe a los viajeros al pequeño oasis y los aliente a no perder la esperanza y continuar su recorrido. Riega los árboles de frutas. Siembra las semillas de la fruta que comió para que en un futuro este oasis pueda incluso servirle a más gente. Una vez terminada su labor, parte.

Seba Oasis

Créditos: National Geographic, Akram Ben Shaban. https://images.nationalgeographic.org/image/upload/v1638890138/EducationHub/photos/seba-oasis.jpg

Al segundo caminante su trayecto le resulta mucho más sencillo, ya que a tan solo medio camino se encuentra con el sendero. Aún no estaba tan sediento, ni tan agotado. Por lo tanto, y gracias a su predecesor, no sabe lo que es la verdadera carencia. Bendecido, sin saberlo, por el legado que le dejaron, en su ignorancia cree que merece dicho destino pues a tan solo medio camino encontró este edén. En su arrogancia y egoísmo, llega al oasis sin valorar lo que otro hizo por él. Entra al estanque, se baña y orina en él. No riega los árboles. Pisa los retoños de las semillas sembradas. Come hasta quedar más que satisfecho, toma más de lo necesario y no siente la obligación de llevar más piedras y extender el sendero ni de quitar la arena que está por cubrir las piedras del camino. Heredero de una vida fácil, despierta con mucha pereza y no reflexiona sobre su fortuna por su falta de carencias. Dando por hecho que merecía todo lo que recibió, parte sin mirar atrás.

El tercer caminante, sediento, abrumado y exhausto, nunca da con el camino porque la arena del desierto había cubierto las piedras por completo. En otro milagroso golpe de suerte, llega al oasis. Pero este ya es muy diferente. Un estanque contaminado, árboles secos y sin frutas. Sin nada para comer, encuentra un pequeño charco en el que el agua seguía limpia. Bebe lo que puede y siente una profunda sensación de vitalidad. La cantidad, aunque escasa, es suficiente para recuperar el aliento y tomar un segundo aire. Continúa su trayecto y llega a su destino agonizando. Después de poco tiempo, reconoce que gracias a ese sorbo de agua logró llegar a su destino. Agradecido por ello, emprende la tarea de reconstruir este lugar para futuros viajeros y dejar el siguiente mensaje: "Recuerda que no eres el único que necesita de este lugar. Si no vas a mejorarlo para otros, por lo menos intenta no empeorarlo. Buen camino".

Esta breve historia es una metáfora que hace referencia a acciones que es común atestiguar en el mundo entero. Desde —por ejemplo—, a pequeña escala, dejar el equipo del gimnasio tirado en el piso sin devolverlo al lugar de donde se tomó, hasta, a gran escala, en el caso de algunos países, tomar la decisión de no firmar el acuerdo de Kioto (un protocolo internacional vital para nuestro planeta, propuesto en los años 1990 por las Naciones Unidas con el fin de contrarrestar el alarmante cambio climático. Ochenta y cuatro países se comprometieron a limitar y reducir las emisiones de gases de efecto invernadero para lograrlo, pero, desafortunadamente, algunos muy influyentes como China, Estados Unidos y Australia decidieron no firmarlo, protegiendo así sus intereses individuales).

¿Por qué la ingratitud?

Muchas veces las personas no son ingratas de forma intencional. En la mayoría de los casos, se trata de que presten atención y sean más conscientes de lo que hacen y dicen. Todos hemos sido ingratos de cierta forma alguna vez. El problema es serlo cotidianamente, sobre todo si tomamos en cuenta que es muy difícil ser malagradecido y feliz al mismo tiempo, en tanto que ser agradecido e infeliz parece improbable. La ingratitud es una expresión de egoísmo. Las causas pueden ser la falta de educación, una personalidad arrogante, sentimientos de rencor, envidia e incluso ira. Sea cual sea su causa, las actitudes ingratas pueden producir cierta frustración y heridas emocionales a terceros, más aún cuando se adoptan intencionalmente.

Sobre la ingratitud

A continuación analizaremos lo que se ha dicho sobre la ingratitud en diversos momentos de nuestra historia.

Fundamentando

Un científico de la actualidad

Volviendo al doctor Robert Emmons, él afirma que quienes no son agradecidos tienden a mostrar gran prepotencia, arrogancia, vanidad, así como una necesidad insaciable de ser objeto de admiración y aprobación. Estas personas narcisistas rechazan los lazos de unión presentes en las relaciones de reciprocidad. Esperan favores especiales y no sienten la necesidad de devolver los bienes recibidos o pagar por ellos. [39]

Un autor inigualable

En su novela *El ingenioso hidalgo don Quijote de la Mancha*, el dramaturgo, poeta y novelista Miguel de Cervantes Saavedra, considerado uno de los más grandes escritores de la lengua española de toda la historia, escribe: "La ingratitud es hija de la soberbia y uno de los mayores pecados que se sabe". Su frase hace referencia a que el sentimiento de superioridad, es decir, la soberbia, priva al individuo de ser agradecido. [40]

Un filósofo de Oriente

Ahora bien, identificar estas actitudes es bueno, como dice Lao-Tse, antiguo filósofo taoísta chino, en su obra *Tao Te Ching*: "Creer que sabes es una enfermedad. Saber que esta es la enfermedad es el primer paso para la salud". ¿Cómo podemos identificarlas? Debemos poner más atención en nuestra conducta y en la de los demás. [41]

Un filósofo de Occidente

El gran filósofo griego Séneca decía: "Ingrato es quien niega el beneficio recibido, ingrato es quien lo disimula, más ingrato es quien no lo devuelve, y mucho más ingrato quien se olvida de él". [42]

El primer protestante

Martín Lutero fue un teólogo, filósofo y fraile católico agustino alemán. En el siglo XVI publicó las 95 tesis en las que, por primera vez, alguien menciona que la organización encabezada por el Papa había perdido la esencia del cristianismo con la que se fundó originalmente. En sus palabras: "Tengo tres perros peligrosos: la ingratitud, la soberbia y la envidia. Cuando muerden, dejan una herida profunda". [43]

El libro más popular

La Biblia incluye un breve relato escrito por Lucas [17,11-19], comúnmente llamado los diez leprosos o diez curados pero solo uno agradecido. Habla de la ocasión en que Jesús, en camino a Jerusalén, curó a diez personas aquejadas de lepra. Estas personas le ruegan que las ayude. Una vez que las sana, todas se marchan, sin siquiera agradecerle. Pero una de ellas vuelve y humildemente le da las gracias. Jesús habla después de que ha hecho lo correcto al volver y que él sabía muy bien que eran nueve personas más. [44]

Nuestro planteamiento

La ingratitud en sí no es algo malo; es, más bien, la ausencia de algo bueno. Esta percepción del problema es más fácil de abordar. Se ve ahora como un hueco o un vacío que podemos llenar. Suele creerse que llenar vacíos emocionales no es sano, pero esta versión representa exactamente lo contrario. En física no existe tal cosa como oscuridad absoluta y lo mismo sucede con la ingratitud: no es posible ser grato o agradecido de manera absoluta, pero trabajar en ello ayuda a combatir conductas probablemente no deseables.

Reforzando...

De vuelta al relato bíblico, el punto de esta historia es que resulta fundamental saber que la gente actúa de esta manera. Si Jesús hiciera un comercial al respecto, diría algo como: "Nueve de cada 10 personas probablemente no te agradezcan lo que hagas por ellas, aun cuando te lo hayan pedido. Pero no importa, no hay que hacer las cosas esperando algo a cambio. Es útil saber que habrá gente malagradecida a lo largo de tu día, no dejes que lo amarguen".

Características de las personas ingratas

- Se aprovechan de la amabilidad de otros.
- La amabilidad de otros les resulta irritante.
- Nunca están satisfechas.
- Tratan mal a otros. A los meseros, por ejemplo.
- No muestran felicidad con lo que tienen.
- Esperan ayuda como una obligación.
- Tienden a no sentirse felices por los logros de otros.
- No dicen gracias por acciones simples.
- Se quejan con mucha frecuencia.
- Prefieren hablar sobre temas negativos y criticar.
- Sobrevaloran su persona y menosprecian a otros.
- Creen que merecen.
- No dan crédito a los demás (no hablamos de dinero).
- Culpan a otros por sus errores.
- Son difíciles en su interacción para asuntos de trabajo.

- Se victimizan.

- Pocas veces se interesan en los sentimientos de otros.

Hablando de ti, ¿has enfrentado otras más? ¿Cuáles?

Reforzando...

A Henry Ward Beecher, clérigo congregacionalista y prominente abolicionista de la esclavitud, de nacionalidad estadounidense, se le atribuye la siguiente frase: "Un hombre orgulloso rara vez es agradecido, porque nunca piensa que consigue todo lo que se merece".

Son palabras muy atinadas pues muchas veces por nuestras circunstancias creemos que merecemos algo o mucho (un sueldo, bienes materiales, un puesto, un título) y no es así. Si lo tenemos, perfecto, pero no olvidemos que seguramente muchos otros trabajan más horas y tienen menos. Si creemos que lo merecemos, pensémoslo dos veces. Si decidimos agradecerlo, mantengamos firme ese sentimiento porque, de otra manera, el ego y el orgullo nos harán creer que nosotros y solo nosotros merecemos esas cosas.

Confrontar la ingratitud

Si interactuamos con alguien que muestra esa conducta y sentimos confianza para enfrentarle, procuremos no intentar cambiarle ni imponerle estas ideas. No siempre valdrá la pena hacerlo, solo cuando sea pertinente y necesario. Si se trata de seres queridos —hijos, hermanos o amigos cercanos—, intervengamos por su bien, para guiarles y ahorrarles problemas más adelante. Por supuesto, hay que predicar con el ejemplo: analicemos nuestras acciones para reconocer cuándo nos comportamos de tal forma. Tal vez en ocasiones nuestra postura sea desagradecida y, aunque nosotros no nos demos cuenta, la gente a nuestro alrededor sí se percata de ello.

Ejemplo

Hablemos de un hijo que sufre porque demuestra que no aprecia lo que tiene ni a las personas con las que cuenta. Da por hecho la comida que aparece en su plato, el techo que lo cobija y, en especial, aquellos que en verdad lo apoyan. Comencemos nuestra aportación con algo positivo, por ejemplo:

- Compartir, con tono sutil y tranquilo, alguna anécdota sobre cómo esta práctica nos ayudó: "Antes no sabía por qué no trabajaba bien mi equipo, pero empecé a darles más las gracias y mi reconocimiento por las horas que invertían en el trabajo, entre otras cosas".

- Resaltar que nunca es fácil que nos digan que estamos equivocados, evitar sonar autoritarios e intentar plantear preguntas que incentiven la introspección, como las siguientes:

  ▷ ¿Qué sería de mi vida sin el apoyo que tu madre me brinda?

  ▷ ¿Qué harías si no estuviéramos aquí?

  ▷ ¿Nos extrañarías?

- Plantear preguntas bien formuladas de modo que, tarde o temprano, la persona piense en ellas.

- Mencionar que la ayuda está a la mano si toma la decisión de trabajar en ello.

- Finalmente, dejar ir; la decisión que tomen está fuera de nuestro control.

Lo más adecuado es mencionar este tipo de cosas una sola vez, o el efecto podría resultar contraproducente.

Para cerrar

Podemos optar por mantener nuestra distancia de estas personas o, en casos específicos, brindarles nuestras ideas para que reflexionen al respecto y decidan actuar en una forma más saludable. Esto queda a consideración individual.

El contexto general de este capítulo ha sido, primordialmente, observar que la ausencia de gratitud puede llegar a socavar nuestro ser interior y nuestro entorno, lo cual arruinaría nuestra construcción de virtudes y desmantelaría las relaciones con quienes nos rodean. Alimentar estas conductas y dejar que crezcan puede opacar poco a poco esa fuente luminosa.

Capítulo 7
Gratos pensamientos

Con miras a acentuar los valiosos temas expuestos, a lo largo de este capítulo y de los dos siguientes escalaremos su nivel de complejidad.

El propósito del presente capítulo es despertar y guiar nuestros pensamientos para asumir más control sobre ellos. Así podremos dirigir nuestra propia vida y dejar atrás nuestro actuar como pasajeros.

¿Cómo podemos convertir la gratitud en una de nuestras mejores costumbres?

¿Cómo y para qué enfocar la mente en torno a la gratitud?

Utilizaremos el poder de la concentración para construir una mentalidad más próspera y, aún más importante, blindada contra el pesimismo, una actitud muy opuesta que busca desanimar a quienes interactúan con la persona. En vez de contemplar todo lo que sucede como oportunidades, el mundo se percibe como una maldición. Si usamos la gratitud como una guía al positivismo, nunca recibiremos tanto por hacer tan poco.

Durante el día, nuestro cerebro produce alrededor de 70,000 pensamientos. Más del 90% de ellos surgen de forma inconsciente y suelen ser similares en días consecutivos. Además, en promedio, el 80% de la mente está conformado por ideas negativas, que despiertan angustia y estrés. Con este dato sobre la mesa, no es de sorprender que, según estimaciones de la organización *Our World in Data*, en 2019, alrededor de 569 millones de personas sufrían de ansiedad y/o depresión.

La información histórica parece indicar que este número no solo no disminuye sino que tiende a aumentar. [45] [46] [47]

Reforzando...

Podría pensarse que la depresión es propia de nuestra época, pero ya en la Grecia antigua, el gran filósofo Séneca, quien solía intercambiar correspondencia con su amigo Lucilius (colección de cartas que más tarde se llamó *Cartas de un Estoico*), la menciona. En su decimo-

> tercera carta, titulada "Sobre los miedos infundados", escribió: "Hay más cosas que pueden asustarnos que aplastarnos; sufrimos más a menudo en la imaginación que en la realidad". Sus palabras significan que la mayoría de nuestro sufrimiento ocurre en nuestra propia mente. En muchos casos no se trata de las circunstancias en sí, sino más bien de cómo las percibimos. [48]

El cerebro humano trabaja todo el tiempo, así sea para realizar tareas, ordenar a los órganos que lleven a cabo acciones específicas, reflexionar, decidir y gestionar los procesos cognitivos y corporales que tienen lugar en el fondo sin enterarnos siquiera. Tan solo el 10% de nuestro día es guiado por conciencia plena (es decir, centrar la mente en lo que estás haciendo en ese momento). Esto equivale a que, de las 16 horas que permanecemos despiertos cada día, dedicamos solo una hora y media a pensar y decidir de forma consciente y atenta. Las catorce y media horas restantes, es el cerebro el que decide sin consultarnos. Tiene la capacidad de llevarnos por donde quiera, con lo que nos hace pasajeros y no realmente conductores, lo cual redunda en que nuestra forma de vivir no sea óptima.

Por supuesto, sería agotador pensar de forma consciente todo el tiempo, pero este dato señala que mucho de lo que hacemos y decidimos es en automático.

Reforzando...

Como bien resalta el médico, psiquiatra, ensayista y psicólogo suizo Carl Gustav Jung: "Hasta que el in-

Por ahora, dedicar tanto espacio a un juicio negativo afecta directamente las demás conexiones que ocurren en el cerebro. Este se convierte en el punto crucial en el que el juicio, positivo o negativo, ejerce un efecto directo sobre todo el cuerpo.

Reforzando...

Según la neuropsicóloga Luisa Mostazo Rodríguez:

"Hay una relación directa e intensa entre las emociones, los órganos y los síntomas que podemos experimentar.

Seguro que hemos oído hablar más de una vez de que la mente controla al cuerpo; el funcionamiento biológico del cerebro es el que hace que esto sea así, que exista una relación entre pensamiento y cuerpo, entre emoción y síntoma.

Cuando mantenemos un pensamiento negativo en la mente durante un minuto, el sistema inmunitario queda durante aproximadamente cinco horas en una situación delicada por lo que, si estos pensamientos o emociones negativas se mantienen en el tiempo, estaremos más predispuestos a contraer enfermedades por la debilidad del sistema inmunitario que nos protege.

Situaciones estresantes durante mucho tiempo, hacen que se lesionen neuronas cerebrales responsables del aprendizaje y a su vez el cerebro sufre alteraciones que producen modificaciones en el sistema hormonal y las consecuencias que esto tiene en los diferentes órganos y sistemas del cuerpo.

Las emociones negativas destruyen y las positivas lo contrario, tienen la capacidad de curar y hacernos felices." [50]

Pensamiento negativo (pesimismo) vs pensamiento positivo (optimismo)

Lo que ya hemos visto en este capítulo propicia que analicemos ahora el pesimismo y sus efectos. Si estamos dominados por él, es cuestión de tiempo para que todo el cuerpo se vea perjudicado.

Como bien se mencionó, nuestro 90% de pensamientos inconscientes actúan como una cadena en la que una idea influye directamente en la subsecuente. Es decir, lo que pensamos ayer, de forma automática, será muy parecido a lo que pensemos hoy. Y lo que reflexionemos hoy afectará de manera inmediata el día de mañana. Si deseamos alcanzar la felicidad, es fundamental crear hábitos positivos. Si la mayoría de nuestros pensamientos están directamente influidos por el día anterior, al tener una mentalidad más constructiva podremos influir de primera mano en el día por venir. Así sea con una sola idea, día con día, podrás construir una mente menos susceptible a ese 80% de negatividad.

Probablemente alguna vez hayamos coincidido con personas que pasan mucho tiempo quejándose de todo o viendo el lado negativo de cualquier situación. Por lo general, resulta agotador convivir con gente así. El pesimismo es la perspectiva contraria al optimismo y su uso regular es una fuente de malestares generales, entre ellos mal humor, tristeza, ansiedad y falta de ánimo. Como veremos en seguida, muchos de ellos se manifiestan en forma de hábitos. De hecho, este modo de pensar es considerado un mal hábito en sí.

Los hábitos

Los razonamientos negativos son como los malos hábitos, los cuales nos corrompen al intoxicar poco a poco nuestro estilo de vida. Son asesinos silenciosos que se incorporan lentamente en ese 90% de pensamientos que generamos en automático y que, cuanto más se asienten, más difícil será librarse de ellos. Se convierten en nuestra nueva realidad porque al ceder día tras día, comienzan a parecer normales. En ocasiones aparentan ser el camino más fácil y conveniente para resolver el problema del momento, pero en el largo plazo llegan a cobrar facturas muy costosas. Dejarlos entrar puede determinar por completo nuestro estado de ánimo y nuestra salud en el futuro.

Es preciso cuidar los hábitos que de manera consciente o inconsciente adoptamos en la vida.

Veamos algunos ejemplos:

- Morderse las uñas.
- Fumar.
- No hacer actividad física alguna.
- Buscar oro en nuestra nariz.
- Beber de más.
- Tener mala postura.
- Hacer gastos monetarios indebidos.
- Ver mucha televisión o redes sociales.

Todos tenemos alguno y por lo general son detonados por angustia o ansiedad, emociones directamente ligadas a la forma en la que pensamos.

La gratitud como hábito positivo

En cambio, la gratitud brinda una solución eficaz y sencilla de trabajar: podemos construir un hábito completamente nuevo con solo sacrificar cinco segundos de pensamiento. Poco a poco, veremos cuán fácil es y qué beneficios reales aporta. Comenzaremos haciendo un ejercicio de reflexión consciente, presentado un poco más adelante. En absoluto hablamos de cambiar por completo de la noche a la mañana, eso no permite la creación de un hábito saludable. Tenemos que ser consistentes. Estamos ante la maratón en la cual podemos dar el primer paso sin tener que movernos de nuestro lugar de lectura. Al enfocar voluntariamente la atención, veremos cómo surgen ideas e imágenes espontáneas.

Parte del ejercicio por realizar busca identificarlas para no perder la concentración. Al ser nosotros quienes dirigimos las ideas que circulan en nuestra mente, podremos realizar también una buena introspección sobre su esencia y su origen. Según el emperador romano, Marco Aurelio: "La felicidad de tu vida depende de la calidad de tus pensamientos". Para mejorar su calidad, necesitamos conocerlos y reemplazar aquellos que no nos hagan felices por nuevos basados en la gratitud.

Ejercicio

Dedica tu atención plena a realizar esta meditación.

1. Respira profundo, de verdad profundo. Llena bien esos pulmones.

2. Exhala lentamente.

3. Ahora, mira a tu alrededor. Concéntrate y elige un objeto, el que sea.

4. Piensa en el objeto, analízalo bien.

5. Piensa en todo lo que involucra el hecho de que ese objeto esté en ese lugar, en todos los procesos por los que ha pasado.

6. Piensa en todas las personas relacionadas con él y que lo hicieron llegar al sitio en el que está actualmente. Piensa en la cantidad de su tiempo de vida que invirtieron para crearlo y transportarlo.

7. Piensa en el tiempo invertido para conseguirlo y en su valor intrínseco.

8. Si es algo que compraste, piensa incluso en el tiempo de trabajo que invertiste en generar el dinero suficiente para adquirirlo. Si fue un obsequio, piensa en la persona que te lo dio.

9. Piensa en el material del que está hecho y los procesos naturales que crearon ese recurso natural.

10. Reflexiona en cada punto, con tanta profundidad como te sea posible. Crea tu propio enfoque para visualizar ese objeto, míralo con otros ojos.

11. Finalmente, agradece que esté ahí, agradece a todas esas personas involucradas.

Este ejercicio de reflexión te impulsará a ver el mundo de otra forma y te guiará hacia ideas favorables que afectarán tu estado de ánimo para bien. Si lo realizas correctamente, con seguridad le regalarás a tu cerebro un breve espacio de reflexión para poder apreciar el presente y agradecer lo que hayas elegido. Para optimizar los efectos, proponemos que acompañes las meditaciones de un momento y un espacio con el menor número posible de distracciones, y que tengas vista a alguna forma de naturaleza: un parque, una planta, un árbol, el cielo… lo que encuentres. Estas recomendaciones propician que tu creatividad y tus ideas fluyan de forma más natural y personal.

Por otra parte, el ejercicio creó una sensación positiva en tu mente y en tu cuerpo, al percatarte de que lo que tienes enfrente es producto del tiempo y el esfuerzo de muchas personas. En nuestra civilización lo que haces es también para los demás. Todo es un proceso interconectado del que no estás aislado, del que eres parte. Al realizarlo, pensaste en los demás y reconociste su trabajo. Con solo reflexionar de manera correcta, creaste pensamientos de empatía. Esta capacidad de reconocer el trabajo y el esfuerzo de otros da paso a un gran sentido de comprensión. Somos una sociedad y siempre necesitaremos de otros para llegar lejos y, ¿qué mejor vía para conseguirlo que la empatía? ¿Acaso no te gustaría que alguien reconociera tus esfuerzos? En el capítulo 11, "Relaciones gratas", abordaremos cuán esencial resulta esta actitud para cualquier tipo de interacción humana saludable.

Ejercicio *(para después del ejercicio)*

Esos segundos o minutos que dedicaste a la reflexión influyeron en tu estado mental y físico. Tu espíritu y tu cuerpo encontraron una pequeña dosis de paz y armonía. Mañana que recibas tu café, antes de dar las gracias en automático, detente unos cinco segundos, solo cinco, y piensa en profundidad en lo mucho que vale la pena agradecer que alguien esté haciendo esa labor para ti. Ahora, disfruta ese café con una sonrisa extra. Dirige tus pensamientos a imaginar el recorrido que se hizo desde el lugar donde se sembró la semilla de ese café, hasta este en el que lo beberás y aquel en el que acabará.

Además, puedes poner esto en práctica en muchos casos y en cualquier momento del día; basta con empezar hoy y repetirlo mañana. hacerlo cultivará una actitud de valoración profunda, y te permitirá tener intenciones generosas, sustituyendo las egoístas.

Con el proceso descrito, agradecer será más común en el transcurso de tu día. Eso incluye las veces en que se lo dices a la persona que está a tu lado simplemente por quererte, a la persona que detuvo la puerta para que entraras, al mesero que tomó tu orden, a quien nos dijo "salud" después de estornudar y a todos esos "gracias" que lanzamos al aire. Todos estos agradecimientos se convertirán en oportunidades de auténtico reconocimiento.

Con este ejercicio, que consiste en evocar voluntariamente un sentimiento de gratitud, podrás generar hábitos y pensamientos más positivos y eliminar poco a poco los que te dañan.

Para cerrar

Logramos analizar cómo puede el cerebro llegar a traicionarnos pero, al mismo tiempo, cómo tomar las riendas y orientarlo hacia el constructivismo. Atención con lo que pensamos, pues en gran parte define nuestro estado de ánimo, nuestra salud y nuestro futuro. La meditación propuesta tiene como objetivo utilizar con sencillez las grandes ventajas de la gratitud para tomar conciencia de las ideas que fluyen en nuestra mente.

Con el tiempo suficiente, podremos controlar nuestros pensamientos y, por ende, nuestras emociones.

Capítulo 8

Rodeados de gratitud

En este capítulo analizaremos minuciosamente y asimilaremos el ejercicio de reflexión propuesto en el capítulo anterior, con la salvedad de que aquí:

- Nosotros brindaremos toda la información, resaltando datos e ideas que consideramos interesantes.

- Aprenderemos a sacarle provecho utilizando un ejemplo relacionado con la tecnología, una que usamos con periodicidad.

- Nos adentraremos en el mundo tecnológico.

- Aprenderemos un par de datos interesantes que probablemente no teníamos el gusto de conocer, con el objetivo de estimular los procesos de investigación para generar asombro y curiosidad.

- Profundizaremos la reflexión para observar el resultado que puede generar, y así, replicarlo en el ámbito individual cuando necesitemos distraer la mente. La idea es que la próxima vez que estemos aburridos lo hagamos por nuestra propia cuenta.

Bluetooth®: una valiosa herramienta

Para entender en términos generales en qué forma funciona esta herramienta, imaginemos que encendemos un dispositivo como el reproductor de música y aparece una luz verde, y al apagarlo la luz se torna roja.

Nuestro ojo recibe esa luz verde o roja y el cerebro procesa que verde significa encendido y rojo, apagado. Nuestro ojo percibe un rango muy específico de ondas de luz, longitudes de onda de 400 a 700 nanómetros y cada longitud de onda representa un color diferente del arcoíris. Cuanto más se acerca a los 400 nanómetros, más morada la percibimos y cuando incrementa a los 700, más roja se torna.

El Bluetooth® funciona de manera similar: utiliza un emisor y un receptor de ondas que procesa la información para saber qué hacer con ella. Usa ondas de radio, un tipo de radiación electromagnética que empleamos ampliamente para las comunicaciones. Las longitudes de ondas del Bluetooth® oscilan entre 121 y 124 milímetros. Son señales de radio entre 6 cm y 12.5 cm de longitud de onda. La cifra equivale a una longitud 100,000 veces mayor que las longitudes de onda de la luz visible para el ser humano. Dichas ondas pueden incluso atravesar paredes. [51]

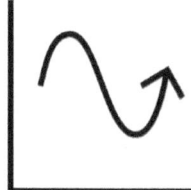

Entonces... ¿cómo se relacionan?

Así como para nosotros el rojo (longitud de aproximadamente 700 nanómetros) significa apagado y el verde (longitud de aproximadamente 550 nanómetros) significa encendido, para un receptor de esta tecnología las ondas que viajan por el espacio en el rango de 121 milímetros representan un 1 y las de 124 representan un 0. Por eso el dispositivo es capaz de recibir información binaria que procesa para convertir la energía eléctrica en energía mecánica. Crea pulsos magnéticos para inducir ondas sonoras que serán recibidas por nuestro tímpano, cuya función es análoga e inversa al proceso anterior. Vibra para convertir esa energía mecánica creada por las ondas de sonido en impulsos eléctricos que nuestro cerebro procesa, para así escuchar a nuestro artista favorito y deleitarnos con su voz.

¿Qué es eso de ondas?

En la tabla siguiente se muestra el espectro electromagnético, del cual, al ser un tipo de onda electromagnética, la luz abarca un área específica. En ella se aprecian las ondas que van desde los rayos cósmicos —radiación existente en el espacio conformada por partículas subatómicas con gran energía derivada de sus altas velocidades—, cuyas crestas y valles están muy pegadas entre sí indicando una corta longitud de onda, hasta una banda de transmisión (segmento del espectro de las ondas de radio utilizado para la televisión, sobre todo en América del Norte, Australia y Filipinas) con longitudes que alcanzan los 100 kilómetros. La longitud de dichas ondas se mide entre el espacio que hay en un patrón equivalente, por ejemplo, de cresta a cresta o de valle a valle.

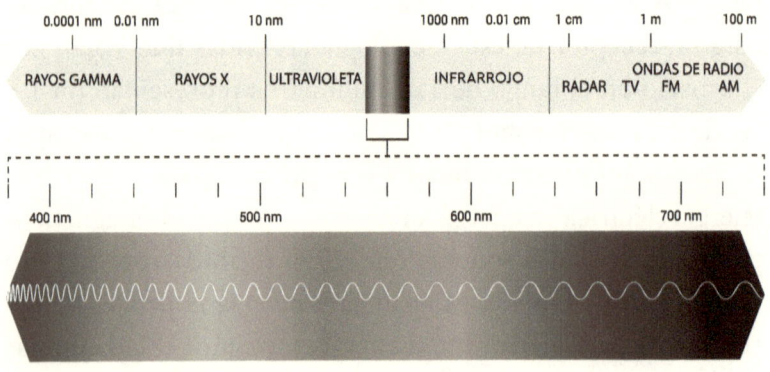

¿Cómo y cuándo?

La tecnología que nos ocupa es bastante reciente: se introdujo en el mercado en 1999. Si en los años 1980 alguien nos hubiera visto con nuestros audífonos Bluetooth®, quedaría más que asombrado. Y si viajáramos al año 420 después de Cristo y los vieran, creerían que es un acto de brujería. Eso no es todo. Si pensamos en tiempos más remotos, ver estos aparatos sería aún más sorprendente que ver a un cavernícola descubrir el fuego.

Aun así, nosotros disponemos de esta y muchas otras asombrosas tecnologías que pasamos por alto.

Para poder tener algo como el Bluetooth® hoy, cientos de seres humanos se dedicaron de lleno al desarrollo científico y tecnológico. Grandes y pequeñas aportaciones a la ciencia e ingeniería han producido maravillas como nuestros auriculares.

Las siguientes son tan solo algunas de ellas.

¿Quiénes están involucrados?

- 1791-1867: Michael Faraday dedicó toda su vida a estudiar el electromagnetismo. Gracias a sus observaciones y al trabajo de muchos otros científicos en...

- 1831-1879: el matemático escocés James Clerk Maxwell formuló las ecuaciones que unifican el mundo de la luz, el magnetismo y la electricidad, gracias a las cuales en...

- 1897: Guillermo Marconi realizó la primera transmisión de radio en toda la historia.

Estos y muchos otros eventos nos llevan hasta...

- 1994: Jaap Haartsen desarrolla esta tecnología que más tarde llamó Bluetooth®.

Fundamentando

Un dato que vale la pena resaltar es que el nombre Bluetooth proviene de un rey danés del siglo X llamado Harald Blåtand Gormsson. En español Blåtand significa "diente azul" y no se ha confirmado si se le apodó así porque comía muchas moras azules o porque tenía un diente podrido. Sea lo que sea, a Harald se le atribuye la unión de los reinos de Noruega y Dinamarca, reflejada en la unión que esta tecnología brinda entre los dispositivos y en el logotipo, en el que, utilizando el alfabeto nórdico, se unen las iniciales del rey.

H nórdica + B nórdica = Bluetooth®

Por supuesto, no podemos regresar el tiempo y dar personalmente a todos los involucrados en la creación de esta tecnología las gracias por sus grandiosas aportaciones, pero sí podemos disfrutar del mundo que nos han regalado.

Hasta aquí nuestro estudio de caso; probablemente ya tuvimos suficiente Bluetooth® por ahora…

El presente como obra del pasado

Sin duda, el mundo actual es resultado de inventos y tecnologías maravillosos desarrollados durante siglos. Estamos rodeados de obras de arte, objetos y avances que, tristemente, a veces pasan inadvertidos. Nuestras comodidades son producto de las incomodidades que otros padecieron voluntariamente para brindarnos un mejor lugar para vivir. La profundización y el análisis sobre el Bluetooth® aplican para todo lo que nos rodea.

Reforzando…

Algunos pensamientos afortunados nos orientan a pensar en lo que tuvo que pasar para que hoy vivamos en las condiciones propias de nuestra era.

- En 1913, el filósofo, escritor y Premio Nobel de Literatura Rabindranath Tagore decía: "Agradece a la llama su luz, pero no olvides el pie del candil que paciente la sostiene". [52]

- Por su parte, un proverbio chino dice: "Cuando bebas agua, recuerda la fuente".

Estos pensamientos nos recuerdan que no estamos solos, que la historia humana se sigue, y se seguirá, escribiendo. Cuanto más comprendamos que nuestras circunstancias actuales son consecuencia de las acciones de muchas personas y de decisiones pasadas, menos desaprovecharemos sus resultados. Buenos o malos, son una guía para lo que está por venir.

Ejercicio

No dejes de aprender. Si lo deseamos, podemos llevar esta práctica del asombro a un nivel aún más práctico, bien sea de forma gratuita en plataformas como YouTube o comprando un libro sobre algún tema del que no tengas la menor idea.

Por ejemplo, en la plataforma, busca "Historia de ....". Sobre la línea punteada pon algo, literalmente lo que sea: el té, el café, la cerveza, el cine, las computadoras, la fibra óptica, la aviación, la fotografía, la propulsión, Disney, los cohetes, el GPS, el inodoro, la música, un país, una industria que te interese, una tecnología, una organización, un atleta, un genio, o cualquier otro tema que desees. Recurre a tu creatividad y curiosidad, explora áreas del conocimiento de las que nada sepas. Hazlo simplemente por el gusto de aprender y descubrir el mundo a tu alrededor, con el asombro en la mente de un bebé que descubre algo. Internet tiene un contenido casi infinito que nos muestra lo inmensamente diverso que es nuestro mundo, y podemos acceder a él de manera inmediata. Esta curiosidad autoimpuesta es una señal de haber aprendido a aprender.

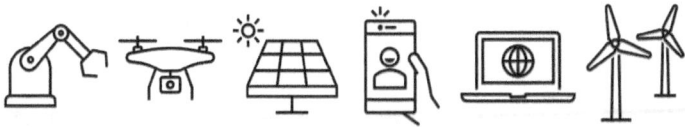

¿Qué opina ChatGPT?

ChatGPT es un modelo de lenguaje de última generación desarrollado por OpenAI, una de las principales organizaciones de investigación en inteligencia artificial. Como tal, ChatGPT está diseñado para procesar entradas de lenguaje natural y generar respuestas similares a las humanas. Eso lo convierte en una excelente herramienta para responder una amplia gama de preguntas y entablar conversaciones significativas con los usuarios. Cuenta con acceso a enormes cantidades de datos y un sofisticado algoritmo de aprendizaje automático. Puede proporcionar respuestas precisas, informativas e incluso entretenidas sobre múltiples temas, bien sea que busquemos aprender algo nuevo, explorar diferentes ideas o, sencillamente, chatear con una máquina inteligente.

En los últimos meses ChatGPT ha concentrado una gran ola de atención gracias a sus inmensas capacidades de procesamiento.

Ha acreditado (sí, en efecto, ha resuelto correctamente) los exámenes de cuatro cursos de la facultad de derecho de la Universidad de Minnesota, el examen MBA de Wharton, la licencia médica de Estados Unidos, el examen de microbiología y el final de razonamiento clínico de la Escuela de Medicina de Stanford.

Sorprendente y atemorizante a la vez, ¿cierto? ¿Qué les espera a los estudiantes del futuro cercano?

Una conjetura alarmante al respecto es la del podcaster de Bloomberg Matthew S. Schwartz, quien comentó en su cuenta de Twitter que este instrumento podría marcar el fin de la elaboración de ensayos por parte de los alumnos como tarea. Señaló que solicitó un ensayo acerca de un caso de la Suprema Corte de 1971 en ChatGPT y obtuvo una respuesta, no solo instantánea, sino también de gran calidad.

¿Reemplazo? No lo creo...

ChatGPT es una tecnología verdaderamente fascinante y al alcance de todos ya que su uso es gratuito. Podemos preguntarle lo que sea. Probablemente algún día llegue a sustituir a los escritores y pensadores; no lo sabemos. Por ahora creemos que la sensibilidad, el tacto, las emociones, los sentimientos y la complejidad del comportamiento de los seres humanos son imposibles de recrear.

Por ejemplo, en las obras de arte se busca expresar emociones puramente humanas, cuya complejidad exige plasmarlas en pinturas abstractas, poemas intrincados o canciones ambiguas. Sería imposible que un algoritmo las exprese en total sintonía pues, al no poder sentirlas, no consigue representarlas. Son altamente irracionales y la mente que trabaja bajo algoritmos es por completo racional. Para ello, un humano debería ser capaz de programar, con base en la racionalidad, la irracionalidad. De todas formas, un programa de inteligencia artificial sigue siendo una obra humana, creada a partir de sentimientos humanos, bien se trate de miedo o emoción por el futuro. La expresividad humana seguirá existiendo. Serán las obras las que cambien, pero los sentimientos expresados perdurarán.

En palabras de Steven Erikson: "El futuro solo promete una cosa: sorpresas".

ChatGPT y la gratitud

Mientras tanto, como demostración práctica de lo que es capaz, usamos su algoritmo para plantearle una pregunta y su respuesta fue la siguiente.

¿Es cierto que siempre hay algo que agradecer?

Sí, siempre hay algo por lo que estar agradecido, incluso en medio de circunstancias difíciles o desafiantes. La gratitud es una mentalidad poderosa que puede ayudarnos a enfocarnos en los aspectos positivos de nuestras vidas y cultivar una sensación de alegría y satisfacción, incluso frente a la adversidad.

No importa cuál sea nuestra situación, siempre hay cosas por las que estar agradecidos, como nuestra salud, nuestras relaciones con los seres queridos, la belleza de la naturaleza, la bondad de los demás y los pequeños placeres de la vida cotidiana. Incluso en tiempos difíciles, a menudo podemos encontrar momentos de belleza, esperanza y conexión por los que podemos estar agradecidos.

La investigación ha demostrado que practicar la gratitud puede tener numerosos beneficios para nuestro bienestar mental y emocional, que incluyen una mayor felicidad, mejores relaciones y reducción del estrés y la ansiedad. Tomarse el tiempo para reflexionar sobre las cosas por las que estamos agradecidos puede ayudarnos a cultivar una perspectiva más positiva de la vida y aumentar nuestra sensación general de bienestar.

En resumen, si bien no siempre es fácil encontrar cosas por las que estar agradecidos, siempre hay aspectos positivos de nuestras vidas en los que podemos concentrarnos y apreciar, incluso en las circunstancias más difíciles.

—ChatGPT

Parece increíble que esta gran respuesta, además de avalar nuestra idea central, haya sido generada por inteligencia artificial en segundos. Por supuesto, es imprescindible aclarar que la respuesta y la síntesis fueron hechas por una máquina, pero la información es una recopilación de ideas humanas. En gran medida, nuestro aprendizaje también está basado en ideas de otros. El conocimiento se vuelve inteligencia práctica cuando utilizamos la información a nuestra disposición para resolver y crear.

Nuestro mundo es sorprendente, no podemos negarlo; estamos rodeados de tecnologías asombrosas. Desde luego, mucho de esto puede tener "doble filo", pero esa no es razón para no apreciar lo que la humanidad es capaz de crear cuando los enfoques, principios y valores están bien alineados.

Si nos detenemos a pensar en profundidad en cualquier objeto o tecnología a nuestro alrededor, nuestra curiosidad despertará y podremos apreciar que somos muy afortunados por vivir en esta, la época tecnológicamente más avanzada de la humanidad. La única diferencia parece ser nuestra perspectiva. Pensando, reflexionando, siendo conscientes, mostrando curiosidad, reconociendo nuestra fortuna, apreciando, disfrutando y comprendiendo el poder de la perspectiva, veremos que nuestra realidad merece valorarla.

Reforzando...

Este proceso nos permite mirar el panorama completo para poder agradecer. Como alguna vez dijo el matemático inglés Alfred North Whitehead: "Nadie que alcanza el éxito lo hace sin reconocer la ayuda de los demás. Los sabios y confiados reconocen esta ayuda con gratitud". [53]

Capítulo 9
El propósito más gratificante

El objetivo de este capítulo es explorar cómo tomar un determinado rumbo en la vida, en especial quienes nos sentimos un tanto perdidos. Vimos ya que vagar por la vida en "modo automático" y ser prisionero de los impulsos no es una forma óptima de vivir porque desaprovechamos nuestro potencial. Aprendimos a enfocar y manipular nuestros pensamientos positivamente.

Ahora es necesario trazar un camino para evitar que sean solo ideas felices lanzadas al aire. Intentaremos hacer que esas ideas tengan una razón que beneficie a quienes nos rodean y no solo a nosotros mismos. ¿De qué sirve querer cambiar si no sabemos hacia dónde ir y, lo que es trascendental, por qué ir hacia allá? Buscaremos en nuestro interior inspiración que nos guíe. Pretendemos utilizar la gratitud, la razón y el existencialismo de forma práctica, para que, una vez que hayamos decidido tomar las riendas de nuestro destino, sepamos por qué, cómo y hacia dónde cabalgar. En resumen, tengamos un propósito.

Ejercicio

Para iniciar, te invito a recurrir a visualizar, solo como recordatorio, como punto de partida, lo afortunados que somos, los beneficios de los que gozamos que ameritan nuestra gratitud.

Para ello, imagina que eres uno de nuestros antepasados, por ejemplo, de los hombres de Kibish, cuyo registro fósil data de unos 200,000 años atrás; esto es, los cavernícolas originales. Estos fósiles provienen de Etiopía, cerca del río Omo. Compartimos casi el 100% de ADN con ellos y la principal diferencia entre nosotros es la época en la que nos encontramos. Ellos tenían que esforzarse al máximo para sobrevivir, ya que aún no eran una especie dominante. Esta versión de homo sapiens, la primera, que todavía representaba una minoría, por fortuna tomó las decisiones correctas para que hoy seamos lo que somos.

Imagina que, como gesto de bondad y agradecimiento, lo invitas a comer. Visualiza su cara de asombro al encontrar tanta comida como la que tiene a su disposición esta versión del homo sapiens del siglo XXI. Brincaría de emoción, no solo porque su lenguaje es limitado y no tiene muchas otras formas de explicarlo que sacudir los brazos y hacer ruidos, sino también porque para él, esto es increíble. Claro, si eres estudiante y solo tienes a la mano una cerveza y una sopa instantánea, la emoción sería menor...

El punto es que tú puedes caminar tan solo unos pasos para llegar al refrigerador o a la alacena. Disfrutar de frutas, verduras, carnes, botanas, panes, bebidas y cientos más de opciones que hay disponibles en los supermercados. Incluso sin moverte de donde estás, con un teléfono celular tienes la opción de pedir el platillo que se te antoje, de cualquier cocina del mundo. Esos, para algunos, son beneficios que nos ofrece la era en que vivimos. Ciertamente, todavía una gran parte del planeta padece hambre, pero para resolver esta situación es que hacemos conciencia de nuestra fortuna. Más adelante veremos qué podemos hacer al respecto.

Por lo tanto, reflexiona acerca de cómo, a la gran mayoría de nosotros, hoy deja de sorprendernos algo que es tan sorprendente. Y no te limites a este ejemplo, contempla todo a tu alrededor. Sal al balcón y mira un avión que viaja a través del cielo a más de 800 kilómetros por hora. No debemos ir tan atrás en la línea del tiempo, esto hace poco más de 100 años solamente podía soñarse. Olvidamos disfrutar a conciencia de lujos que personas que trabajaron toda su vida para crear, nunca pudieron disfrutar. Sigue centrándote en lo que significa volar para el ser humano. En los siglos XV-XVI, Leonardo Da Vinci dibujaba máquinas voladoras y lo llamaban loco. En el siglo XX, los hermanos Wright seguramente no previeron que más adelante se inventarían aviones que viajan más rápido que el sonido. Su primer vuelo fue en 1903 y en apenas 66 años, en 1969, se realizó el primer vuelo del Concorde (avión comercial que viajaba a cerca de 2,200 km/h). Y no solo eso: un hombre caminaba sobre la superficie lunar. Y ¿cómo será el mundo en 100 años? ¿Te gustaría verlo? Es poco probable llegar a verlo; lo que sí puedes hacer es ver tu presente con los ojos de un antepasado y así intentar replicar lo que sería para nosotros ver el futuro.

Es claro que ha pasado el tiempo suficiente para que percibas todos estos avances como algo normal. En psicología, esta llamada adaptación hedónica es una cualidad humana que permite ajustarse a realidades nuevas, buenas o malas. El objetivo final de este ejercicio es orientarte para identificar y mirar desde otro punto de vista aquellas cosas que consideramos como "normales". Por un momento, ponte en el lugar de ese ancestro de Kibish y siente lo que él siente. Si logras emocionarte o sentir aunque sea un poco de alegría, esto querrá decir que el ejercicio ha cumplido su cometido.

Bueno, ahora estamos listos para continuar…

Perspectiva de otras épocas

En esta sección hablaremos de otras épocas, de su relación con nuestro tema, y estableceremos una comparación con la actual.

- **_Tiempos bíblicos_**

  No apreciar lo que tenemos u olvidar nuestra fortuna puede resultar problemático. Incluso en textos tan importantes como la **Biblia** se hace mención del tema. El pueblo de Israel, antes de ser conquistado por los babilonios, se corrompe múltiples veces porque, sin gratitud, los buenos tiempos crean gente orgullosa y esta gente trae consigo tiempos decadentes. La reconstrucción surge cuando aquellos tiempos traen más bien a gente humilde que valora lo que tiene para, con ayuda de un propósito, reconstruir y crear mejores tiempos. Este es un ciclo que se aprecia múltiples veces a lo largo de la historia.

- **_Siglo XVII_**

  Cabe mencionar que, en comparación incluso con los reyes del **siglo XVII**, nosotros gozamos de muchos beneficios más de los que ellos jamás tuvieron a su disposición. Lujos y comodidades, como ver una buena serie sobre reyes del siglo XVII en la televisión, un teléfono, calefacción o aire acondicionado, automóviles, energía eléctrica, aplicaciones, paquetería exprés y muchas otras. Ellos, quienes en su tiempo tenían acceso a lo mejor del mundo, nunca disfrutaron de unos nachos con queso, en tanto que nosotros, que con un teléfono podemos acceder a enormes cantidades de información sobre el mundo y la historia —incluidas miles de recetas de nachos—, solemos olvidar nuestra buena fortuna. Conectando esos puntos, viendo este presente como tiempos buenos y no como tiempos cualesquiera, brota una semilla de felicidad. Qué agradable es sentir algo así, con tan solo pensar en ello. Ahora tendremos que ir más allá para no depender de sentimientos provenientes de ideas. Podemos actuar y hacer cosas de acuerdo con una forma de pensar como la que nuestro amigo el cavernícola original nos ayudó a entender.

- *Siglos XVIII y XIX: La Ilustración*
  Si los textos religiosos no son de nuestro agrado, podemos contemplar la época de la **Ilustración**, cuando la ideología comienza a centrarse en la razón humana y la ciencia para emprender la búsqueda de verdades objetivistas. Uno de los principales representantes de este periodo fue el escritor, historiador, filósofo y abogado François-Marie Arouet, popularmente conocido como Voltaire, quien nació en Francia en 1694. Tomemos en cuenta sus palabras: "La historia está llena del sonido de zapatillas de seda bajando y zapatos de madera subiendo". [54]

- *Siglo XXI*
  Incluso si somos escépticos y nada fuera de este **siglo XXI** nos parece suficiente, podemos echar un vistazo a la interesante obra del analista político Dan Carlin, *El fin siempre está cerca: los momentos apocalípticos de la historia desde la Edad de Bronce hasta la era nuclear*. En ella el autor presenta diversos momentos críticos a través de la historia en los que la humanidad, en tiempos difíciles, lleva la tecnología y las armas a sus límites. El poder que surge en estos tiempos puede resultar autodestructivo.

- **Nuestro mundo ahora**
  Este ciclo se rompe cuando en tiempos buenos como los que vivimos **ahora**, colmados de avances tecnológicos, aparecen personas agradecidas capaces de reconocer que lo que tenemos es resultado de años de trabajo de otros que soñaron con crear un mundo mejor. Alégrate, sorpréndete de ese mundo que crearon, y seguimos creando, como si fuese la primera vez que viste a un señor disfrazado de Santa Claus.

  Tras años de lucha, del esfuerzo de personas extraordinarias y de trabajo duro por un mejor futuro, hoy gozamos de todo ese proceso colectivo. Si lo entendemos y agradecemos, lograremos convertirnos en esa generación que fue bendecida con tanto, que decidió trabajar para transformar lo que hoy es un mundo bueno en uno aun mejor y que, con ayuda de la gratitud, rompió el ciclo de la historia. Después de todo, el futuro es lo que hacemos de nuestro presente.

¿Dónde comienza el cambio?

Para los fanáticos de la cultura pop, he aquí una pregunta: ¿en qué se parecían Michael Jackson y Gandhi? Claramente, no en su giro vocacional, ni en su ropa; más bien, coincidieron en una idea muy sencilla.

El 18 de enero de 1988, Michael Jackson, mundialmente afamado y conocido como el rey del pop, lanzó la canción *Man in the Mirror*, que llegó a ser la número uno en América del Norte y fue nominada para el premio Grammy como mejor grabación del año.

Resalto una frase de esa canción:

**"If you wanna make the world a better place,
take a look at yourself and then make a change."**

**(Si quieres hacer del mundo un lugar mejor,
mírate a ti mismo y haz un cambio.)**

Por su parte, a Mohandas Karamchand Gandhi —la figura principal del Movimiento Independentista de la India contra el Raj de Gran Bretaña, icono cuyo liderazgo se basa en la desobediencia civil pacífica y que más tarde recibió el título de Mahatma ("De Alma Grande" en hindi) por sus ideas y aportaciones—, se le atribuye haber pronunciado la frase siguiente:

"Sé el cambio que deseas ver en el mundo."

¿Queremos que el mundo sea increíble? Entonces seamos increíbles.

Haya sido Gandhi o no, parece que ambos personajes coincidieron en un concepto principal; lo cierto es que cada frase captura la misma idea en tiempos y circunstancias independientes: si queremos un mejor lugar para vivir, debemos empezar por mirarnos bien al espejo y optar por cambiar. No nos referimos a transformarnos, de la noche a la mañana, en otra persona; trabajar en uno mismo requiere muchos esfuerzos y gran determinación. Años podrán pasar, pero valdrán la pena porque invertiremos tiempo en aquello que más vale, en nosotros.

Cuando nuestra visión es clara —por más amplia o estrecha que sea—, es preciso desarrollar un plan y ejecutarlo con tal gracia y gusto que todos a nuestro alrededor se contagien y quieran seguir ese camino. Esa es la idea principal expresada por los iconos mencionados.

Hacernos responsables

Llevar a cabo lo anterior no es fácil, pero recordemos que las cosas que verdaderamente valen la pena son aquellas que cuestan trabajo. Es muy fácil quejarse y no hacer nada. No reclamemos que el mundo no es un buen lugar, cuando nada hacemos para remediarlo. Hay que aceptarlo, todos hemos pasado por ahí. Solemos señalar y apuntar los problemas de otros porque nos resulta más sencillo y cómodo que enfrentar los nuestros. Hacernos responsables de nuestras propias acciones es el verdadero reto, es la definición misma de madurez. En el mundo hay mucho odio y esto se comprueba al analizar la literatura y los acontecimientos actuales —y de otros tiempos— o bien, al encender la televisión o el celular y ver las noticias.

Este mundo necesita que un número cada vez mayor de seres humanos estén dispuestos a:

- Dejar de juzgar a otros y empezar a trabajar en sí mismos. En otras palabras, a dejar atrás los caminos fáciles (destructivos y tóxicos) para trabajar en los difíciles (constructivos y formadores).

- Tomar en cuenta que somos el resultado de todas nuestras acciones, buenas o malas, pero decidir implica poder y —como afirma el tío de Spiderman— el poder es responsabilidad.

- Tener la madurez suficiente para admitir que no somos quienes queremos ser porque constantemente postergamos nuestras decisiones u optamos por tomar esos caminos destructivos, así como para reconocer que esto es nuestra culpa, o nuestra responsabilidad, y olvidarnos de achacársela a los demás.

- Mirarse al espejo, a conciencia, contemplar su interior y cerciorarse de que es posible lograr grandes cosas.

- Desear propositivamente alcanzar esos logros es lo único que necesitamos para dar ese primer paso, seguir adelante y observar que, si nuestro mundo interno empieza a cambiar, el exterior será más brillante. Día con día mejorarán los demás aspectos de nuestra vida, porque ahora todo parte desde un interior más completo y honesto.

- Una vez más, y siempre, agradecer lo que sí conseguimos y no lamentarnos por lo que no nos fue posible hacer realidad.

Seamos el cambio que queremos ver en el mundo. Una simple pero poderosa idea, ¿no es así?

Datos estadísticos

Nuestro tema puede reforzarse con algunos datos estadísticos. Por ejemplo, en el ámbito de la relación laboral, en la siguiente tabla vemos los datos de diversas generaciones a este respecto. [55]

Generación	Fechas	Años promedio de permanencia en un empleo
Baby Boomers	1046-1960	20 a 30
Generación X	1961-1981	8 a 10
Millennials	1981-1994	5
Centennials (Gen Z)	1995-2014	8 meses
Generación Alfa	2015-actualidad	¿?

Notamos que, cuanto más nueva es una generación, menos tiempo permanecen sus miembros en un empleo. Esto podría indicar que están menos satisfechos con el trabajo y el lugar donde se encuentran.

Estas cifras no son una coincidencia; en la actualidad, muchas personas se enfocan tanto en observar la vida de otros, que autodestruyen la suya con envidia en vez de agradecer lo que tienen. Quieren una pareja que las lleve a viajar en avión privado por todo el mundo, o un trabajo que por una hora al día las haga millonarias. Esas vidas "perfectas" no existen. Los problemas de relaciones, en todo su espectro: matrimonio, trabajo, pareja, amigos, nacen en gran medida por no sentir que somos verdaderamente apreciados. Todos hemos albergado ese sentimiento cuando lo que somos, hacemos o decimos no es tomado en cuenta.

Pero ¿por dónde empezar a agradecer lo que tenemos?

Es aquí donde la gratitud entra al *ring*, siendo el ingrediente principal de esta receta para un mejor mañana.

Empecemos a ser ese cambio que queremos ver en el mundo, a creer firmemente en el poder de la gratitud. El sutil arte de dar las gracias representa esa valoración que a veces quizá le haga falta a quien está a nuestro lado. Dar y dar mucho las gracias hasta que esa gratitud regrese a nosotros. Parece sencillo, ¿cierto? Y lo parece porque lo es. Dejar a un lado por completo el ego y agradecer de corazón a esas personas que vemos todos los días porque si buscamos bien, siempre hay algo que agradecerles. Son parte de tu mundo tanto como tú del suyo. Eso es suficiente para saber que podemos cambiarles el día con tan solo dar las gracias. Aunado a esta idea, más adelante, veremos cómo también nos ayuda a darle un motivo a nuestras acciones. Por ahora pensemos qué o a quién agradecemos tener en nuestra vida. Será muy útil más adelante.

Ahora bien, después de tanto rodeo e inspiración para cambiar un poco lo que somos y hacemos, ¿qué se necesita? Para sobrellevar tan complicada tarea de desarrollo personal, recomendamos tener un plan, un propósito, un motivo, una intención, un objetivo o un fin.

Logoterapia y el sentido de la vida

Un increíble ejemplo de ello es la historia del neurólogo, psiquiatra y filósofo austriaco Viktor Emil Frankl, quien sobrevivió tres años en múltiples campos de concentración nazi, incluidos Auschwitz y Dachau. El impresionante mensaje que nos transmitió es cómo, a pesar de haberlo perdido todo, encontró espacio para reflexionar y agradecer algo que jamás nadie podrá quitarnos: "la libertad de pensamiento". Con base en esta gran filosofía nace su famoso libro *El hombre en busca de sentido*. Con él fundó las bases para el desarrollo de la logoterapia y el análisis existencial, que tanto ha apoyado a millones de personas en el mundo.

La logoterapia es una rama de la psicología que insta a que la persona utilice la voluntad de sentido como fuente principal de inspiración, que explore en su interior una fuerza que trascienda su ser para poder recuperarse a través de las acciones cotidianas, en las que sus formas de pensar y de actuar estén en sintonía con lo que cree realmente importante.

"Logos" hace referencia al sentido y "terapia" quiere decir cura. Por consiguiente, la logoterapia es una propuesta que cura por medio de la búsqueda del sentido de la vida y del vivir de acuerdo con él. Si bien su popularidad se debe a su eficacia, a sesiones terapéuticas solo debe asistir quien así lo desee.

Aquí utilizaremos su esencia para comenzar a buscar dentro de nosotros mismos.

Tiene mucho sentido que lo que hagamos y pensemos tenga sentido, una razón de ser. Sin embargo, esta debe ser autoimpuesta; tenemos que reflexionar y pensar por nosotros mismos: qué nos gusta, qué nos disgusta, qué valoramos, qué vale y qué no vale la pena. Si dejamos que otros decidan o actuamos ciegamente haciendo algo que en el fondo no tiene sentido o no va de acuerdo con nosotros, nos dejamos arrastrar a una ideología que otros han impuesto. Por ejemplo, en la Segunda Guerra Mundial, seguramente muchos soldados no deseaban matar a otra persona (y mucho menos morir). Pero no hacerlo implicaría que otra persona, quien tal vez pensaba lo mismo, los matara. A lo largo de la historia, millones de personas han muerto y han matado simplemente por seguir órdenes.

Jugamos contra reloj

Hemos revisado más de 50 artículos y videos, con el fin de encontrar la recomendación más común que los adultos mayores brindan. La más popular, escrita en diversas formas, habla de no perder tu tiempo, de utilizarlo en hacer cosas que valgan la pena. Muchas personas no se percatan de esta situación hasta que ya es muy tarde en su vida.

Pero, si esta recomendación es tan común y se transmite en todas partes, ¿por qué parece ser que la seguimos ignorando? Perdemos horas de nuestro tiempo viendo el teléfono y la televisión, navegando en las redes sociales, cuyos algoritmos están diseñados para robar nuestra atención y aprender de ellas, de modo que continuemos haciéndolo. Un buen número de empresas invierten millones de dólares para monetizar nuestros impulsos, para detonar nuestras emociones y hacernos adictos al contenido que en su mayoría es falso o inservible. Si bien nuestra atención es extremadamente valiosa, si un muro de imágenes y videos infinitos impiden que trabaje por sí sola, poco a poco la perderemos. En soledad, con la mente libre de estimulantes externos, se buscan y surgen las mejores ideas. La mente divaga y conecta puntos cuando se encuentra en paz.

Ejemplo

Un ejemplo muy común de esto se presenta cuando nos encontramos en la ducha. Junto con su equipo de trabajo, el neurólogo estadounidense Marcus E. Raichle, de la Facultad de Medicina de la Universidad de Washington en Saint Louis, Missouri, descubrió la red de modo predeterminado cuando ejecutaban un experimento con tomografía por emisión de positrones, para observar el funcionamiento del cerebro en voluntarios cuya atención era puesta en práctica. Se compararon los resultados con imágenes tomadas mientras el cerebro estaba en estado de reposo y se descubrió que algunas regiones específicas de este estaban más activas durante los periodos en que la mente se encontraba en estados pasivos, como al bañarse.

La red de modo predeterminado, mejor conocida como DMN por sus siglas en inglés, está compuesta principalmente por la corteza prefrontal medial y la corteza cingulada posterior e impulsa al cerebro a divagar activando múltiples conexiones neuronales. Para activar esta red de forma voluntaria, se recomienda que salgamos a caminar, hagamos jardinería, pasemos un tiempo en un parque, tomemos un baño caliente, meditemos o lavemos platos, por ejemplo. Resulta curioso —y revelador— que todas estas tareas están libres de pantallas. ¿Has tenido alguna buena idea haciendo alguna de estas actividades? Mucha gente sí, incluso la siguiente historia lo demuestra. [56]

¡Eureka!

Eureka es una expresión que algunas personas usan y cuyo significado no es muy conocido. Te invito a leer este texto.

Fundamentando

Origen de ¡Eureka!

Un gran ejemplo histórico de este estado mental en acción es el del famoso Arquímedes de Siracusa, físico, ingeniero, inventor, astrónomo, matemático y filósofo de la antigua Grecia. La historia cuenta que el rey de Siracusa, Hierón II, solicitó a Arquímedes que comprobara si su corona era realmente de oro sólido o si le estaban tomando el pelo mezclando metales menos valiosos. Esto ocurrió más o menos 300 años antes de Cristo y podemos deducir que dicha comprobación era extremadamente difícil, sobre todo si el rey no quería romper su corona. Arquímedes pasó mucho tiempo buscando una solución, sin tener éxito. Hasta que un día, al bañarse, la encontró. Fue tal su emoción que salió de la bañera a las calles sin ropa gritando "¡eureka!" (que en griego significa hallazgo) por doquier cual viejo senil.

Lo que dedujo en la bañera es lo que hoy se conoce como el Principio de Arquímedes: "Un cuerpo total o parcialmente sumergido en un fluido en reposo experimenta un empuje vertical hacia arriba igual al peso del fluido desalojado".

Básicamente, gracias a que el agua no se puede comprimir, la corona, al ser sumergida, desplazaba una cantidad de agua igual que su propio volumen. Mediante cálculos matemáticos, el sabio dividió el peso de la corona entre el volumen de agua desplazada por ella, para así obtener su densidad. En efecto, la corona estaba mezclada con metales menos densos que el oro, pues su densidad resultó ser menor. Desde entonces, la palabra eureka es muy popular entre la comunidad científica pues se utiliza cuando alguien hace un descubrimiento.

La atención decadente

Un estudio de los Centers for Disease Control and Prevention (CDC) muestra que en Estados Unidos, alrededor de seis millones de niños entre tres y 17 años de edad padecen déficit de atención. Cifras que en generaciones anteriores no se imaginaban siquiera. Lentamente regalamos nuestra libertad de pensar y decidir a terceros que eligen por nosotros —personas, redes sociales, noticias, empresas— para ser objeto del plan de alguien más, tenga o no sentido para nosotros. De esta influencia ejercida sobre nosotros se deriva el nombre que se da a aquellos personajes modernos que hablan sobre diversos temas, dan opiniones, comparten sus ideales, promociones y marcas a través de internet: *influencers*. Su labor es, literalmente, influir en tu forma de pensar y decidir. [57]

Alejémonos de las trampas, aunque sea por un breve momento de nuestro día. No solo para el propósito de este capítulo, sino también en aras de nuestro bienestar personal. Las distracciones le encantan a nuestro ser primitivo, cae fácilmente en ellas. Pero nosotros somos más fuertes que eso, tenemos el poder de pensar y decidir. Si queremos ser nosotros mismos y, por lo tanto, libres en los aspectos mental y espiritual, necesitamos conocernos más, tener un plan y cultivar la disciplina.

Finito e infinito

Soren Kierkegaard, filósofo y teólogo de origen danés que es uno de los grandes personajes del existencialismo, estaría de acuerdo con esto. Él creía que existían dos estados del ser. El primero es el mundo finito, el cual se manifiesta cuando dejamos que las necesidades esenciales, los impulsos primitivos y otros decidan el rumbo de nuestra vida. Pero, según Kierkegaard, esto no es todo lo que hay para un ser humano. Tenemos una segunda opción: el infinito, que consiste en la capacidad de reconocer que tenemos un mundo de posibilidades abstractas. Es todo aquello con lo que soñamos y a lo que aspiramos. Nuestra capacidad de elegir para dirigir nuestra vida hacia los límites de nuestra capacidad.

Bestia y superhombre

El filósofo Friedrich Nietzsche, de origen alemán, se refiere a estos estados del ser (asentarse en la comodidad y divagar en la abstracción) como la bestia y el superhombre, con la humanidad en medio. Los describe como las fuerzas internas, en las que la bestia interior (el mundo finito) se encarga del día a día: comer, ir al baño, conducir y cualquier otra acción o impulso que se enfoque en el aquí y el ahora. Por su parte, el superhombre (el mundo infinito) es la fuerza trascendental, las ideas, pensamientos y acciones que van más allá de nuestra imaginación. Nuestro potencial y aquello que podemos aportar al mundo: una obra de arte, una sinfonía, una aplicación móvil, una idea de negocio, hasta una ecuación para unificar las leyes de la física cuántica y la gravedad.

El superhombre anhela la libertad y la bestia se aferra a lo seguro. Si dejamos que esta última nos domine, pasaremos los días como esclavos buscando satisfacer necesidades del mundo finito y quedaremos atrapados en una rutina que deja atrás a nuestro mundo infinito. Pero si solo nos enfocamos en el superhombre, pasaremos los días anhelando la libertad sin nunca obtenerla, ya que esta forma del ser se asimila a la perfección. Porque para destacar en algo debemos renunciar a otras cosas. El superhombre, por sí solo, a nada renuncia.

Ciertamente, no será muy saludable pasar casi todo el día en un sillón imaginando cómo nos veríamos con el cuerpo de Brad Pitt en *El club de la pelea*. Es, hasta cierto punto, un sano deseo para algunos hombres, pero para lograrlo es necesario pararnos del sillón. Agradezcamos que tenemos un par de piernas y brazos que aún funcionan. Usémoslos mientras podamos, ¿cuánta gente desearía siquiera poder caminar? No desaprovechemos el potencial de nuestro cuerpo y nuestra salud, porque un día podríamos ser privados de todo esto. Encontremos un balance, hagamos que la bestia y el superhombre trabajen a la vez. Por ahí se empieza. Cada vez que uno domine, recurramos al otro como contrapeso. De este modo, poco a poco nuestra vida funcionará en sintonía y con sentido. El superhombre representa abstracción, en tanto que la bestia es concreta. Si queremos conseguir lo que soñamos, primero hay que visualizarlo, saber que es una posibilidad, dejar que el superhombre, quien crea su propia moral, domine un poco. Ahora, actuemos en la cotidianidad con la bestia, quien se basa en lo que nosotros deseamos. Cuando surjan dificultades, porque las habrá, recurramos al superhombre y no olvidemos por qué o por quién lo hacemos.

Todos para uno y uno para todos

El verdadero significado de la vida radica en agradecer lo que tienes en la medida suficiente como para querer dejar más para alguien más. En otras palabras, servirle a otros. Hacer de este mundo uno mejor.

Reforzando...

La leyenda del boxeo de peso completo Muhammad Ali acuñó una famosa frase: "El servicio a los demás es el alquiler que pagas por tu habitación aquí en la Tierra." Es muy pertinente mencionarla y preguntarnos cuánto nos ha dado este mundo y cuánto podemos devolverle. [58]

La humanidad es lo que hacemos de ella. No es coincidencia que aquellas empresas y personas con un propósito más allá de ellas mismas sean tan valiosas.

Ejemplo

SpaceX es una empresa que diseña y construye cohetes espaciales. Fundada por el muy reconocido Elon Musk, en 2023 se le ha valuado en cerca de 137 mil millones de dólares. Su propósito está bien establecido y es concreto: "Reducir los costos de la exploración espacial diseñando cohetes reutilizables". Aquí la manifestación del superhombre se identifica con claridad, al igual que los medios que debe lograr la bestia. Lo que se quiere hacer y el cómo hacerlo son claros. Para los trabajadores su labor es clara y tiene sentido. Es una razón por la que vale la pena desvelarse, olvidarse de almorzar o incluso dormir en la oficina. Cuando vivimos así, recibimos más que un sueldo. Debe ser el superhombre quien ilumine el camino y la bestia quien dé los pasos. Por supuesto, todo ello es una metáfora.

Digamos, en otras palabras, que si dejamos que nuestra gratitud nos permita ver qué es lo realmente importante para nosotros, podremos determinar qué es lo que nos gustaría que otras personas o generaciones agradezcan un día, para así decidir día a día cómo vamos a hacerlo.

El superhombre es el Qué y la bestia interior el Cómo. No tenemos que ser Beethoven y componer la Quinta Sinfonía para que nuestra vida resulte como esperamos. Se trata, más bien, de:

- Determinar que aquello que optamos por realizar hoy, nuestros sacrificios del ahora, tengan sentido para nosotros.

- Llevar a cabo nuestra labor en la construcción de un mundo mejor según nuestro propio juicio.

- Tomar en cuenta que las crisis de la mediana edad se deben, en esencia, a que un día, después de mucho tiempo, el superhombre despierta y se da cuenta de que la bestia dominó por décadas el rumbo. Probablemente queramos que cuando lleguen —porque llegarán—, estas no sean muy duras con nosotros.

Reflexionemos un momento:

El dinero es un medio, no un fin.

¿Cuántos envejecen siguiendo este tipo de vida con poco significado, solo para darse cuenta de que el tiempo perdido no se puede comprar?

Ejemplo

Jim Carrey, actor y comediante nacido en Canadá, compartió el mensaje: "Creo que todos deberían volverse ricos y famosos y tener todo lo que alguna vez soñaron para que puedan ver que esa no es la respuesta".

No hay mejor fuente de un consejo de esta clase que alguien, justamente, "rico y famoso".

¿Cuán rico? Pues su valor neto aproximado es de 180 millones de dólares. Digamos que más rico que la media...

¿Cuán famoso? Con dos Globos de Oro y más de 57 películas –entre ellas *El Grinch*, *El Show de Truman*, *La Máscara* y *Todopoderoso*–, muchas de las cuales recaudaron más de 300 millones de dólares en taquilla. Digamos que más famoso que la media...

Ahora bien, no hablamos de que el dinero sea algo malo en sí. Tampoco creemos que Jim Carrey se refiera a eso. El dinero es bueno. No confundamos esta idea con un marxismo radical. El deseo desmedido y absoluto, ese sí es un problema. Si es todo lo que una persona desea, no le importarán los medios para conseguirlo.

Lo que intentamos exponer es que en la vida hay más que el dinero y lo superficial, el hecho de que la cartera crezca no necesariamente refleja un crecimiento en la persona.

Aristóteles: propósito y bienestar

Según Aristóteles, en filosofía todo tiene un propósito. La conducta humana se basa en encontrar la eudaimonía (el bienestar). La palabra "propósito" deriva del latín *propositum*, que significa ánimo o intención de hacer o no hacer algo. La ventaja que trae consigo es que, incluso en las situaciones más adversas, quien tiene una razón por la cual seguir adelante encontrará esperanza… y la esperanza —como se dice popularmente— es lo último que muere. La vida tiene sentido pues ir en pos de un propósito brinda bienestar y es —según el viejo barbón—, el bienestar es el propósito de todo humano.

Incluso buscar un propósito es un propósito en sí mismo. Es muy sano indagar cuál es el sentido de la vida, querer encontrar qué es lo que vale la pena hacer. Arriesgarnos a darle nuestra propia intención a la vida nos inspira, despierta esa agradable sensación en nuestro interior. Si bien es fácil decirlo, en realidad es, como hemos visto, una dura tarea. No todos sabemos por dónde empezar a buscar y el proceso puede generar gran frustración.

Una recomendación común es "hacer aquello que nos apasiona", para así basar nuestra vida en hacer las cosas que amamos por las personas a quienes amamos. Escuchar esta recomendación en ocasiones despierta en nosotros ansiedad porque quizá no sepamos qué propósito o qué pasiones nos impulsan. Acabamos sintiéndonos peor que cuando empezamos, al creer que carecemos de prioridades u objetivos. Pero no hay que preocuparse; para quienes no sabemos qué hacer, para quienes estamos confundidos y/o angustiados por este tema en particular, presentamos una posible solución inicial.

Ejercicio

Un propósito basado en gratitud: pasos a seguir

1. Piensa en gente, objetos, lugares o cualquier otra cosa que agradeces profundamente.

2. Prepara un breve listado de los que podrían resultar muy útiles.

3. Toma el tiempo adecuado para meditar en ello conscientemente.

4. Filtra dicho listado dejando en él cosas que agradeces tanto que te gustaría que otros, en algún futuro, gozaran de ellas.

Ahora bien, el primer gran paso para buscar un sentido o propósito de vida empieza por ser agradecido. Si adoptamos esta actitud, podremos percatarnos de que somos capaces de aportar para lograr algo que agradecemos tener en la vida. Para que los demás puedan beneficiarse de ello también, bien se trate de preservar e incluso mejorar lo que más valoramos. Esa es *la* definición de propósito de vida.

Pensemos…

¿Cómo conseguir que nuestros esfuerzos cotidianos influyan en encontrar nuestro propósito vital? Sea grande o pequeño, todo suma. No busquemos más, miremos todo con gratitud y sabremos qué amerita dedicarle tiempo y esfuerzo. Algo con sentido auténtico, para no vivir apoyando lo que en realidad es para otros. Servir para una causa que mejore la situación de los demás, basada en algo que agradeces tener, en verdad amerita ese trabajo duro, es significativamente gratificante.

Ejemplo 1

Utilicemos un ejemplo para usar esta idea de manera más práctica. Digamos que, siguiendo la meditación del paso 3 del ejercicio, por razones ambiguas, agradecemos profundamente tener a nuestro alcance una herramienta como Google. Es probable que todos los días busquemos en ella por lo menos una cosa y que nos brinde millones de respuestas. Es en verdad un privilegio tener toda la información del mundo a nuestro alcance. Seguramente hemos buscado algún restaurante para ver si su ambiente es agradable o enamorarnos de las imágenes de sus platillos. Quizá no queramos dejar que el marketing del establecimiento nos convenza y nos brinda más seguridad revisar las opiniones de comensales anteriores para evitar opiniones sesgadas.

Dicho esto, si bien no todos tendremos posibilidad de trabajar con Google —como ya vimos—, todo suma, por más pequeña o grande que sea la aportación. En las imágenes veremos que el buscador presenta nombres de personas que subieron imágenes de esos lugares directamente en Google para beneficio de otros. Es sencillo: la próxima vez que vayamos a un lugar, tomemos fotos y subámoslas. Quizá nunca sabremos quiénes se beneficiarán de ello, pero sí habremos ayudado a mejorar la experiencia de la próxima persona que hará lo mismo que nosotros.

Parece absurdo ligar esto con un propósito de vida. ¿Qué relación podría tener una fotografía que tomemos a nuestro plato de sopa y un propósito de vida? Muy sencillo, esta pequeña y fácil tarea que todos somos capaces de hacer crea la grata percepción de que vivimos en una sociedad interdependiente.

Nos alejamos, aunque sea por un breve lapso, del "yo" para pensar en los demás, sin siquiera saber quién será beneficiado, por gozar de un sentido de comunidad. Poco a poco, actuar así será autogratificante, nos hará sentir bien emocionalmente.

Ejemplo 2

Otro ejemplo podría relacionarse con aquellos que conectan más con la naturaleza y que en sus mañanas disfrutan del canto de cierta ave. Existen fundaciones y grupos de trabajo comunitario de todo tipo. Una donación, por más pequeña que sea, sumará a medida que más gente decida participar. Ir a ayudar una vez cada cierto tiempo. No todos podemos crear una fundación o renunciar y dedicarse a cuidar aves.

Es por ello que intentamos encontrar las escalas que nos parecen adecuadas. Al estar sentados en nuestro sitio de trabajo, tendremos en mente que una fracción de nuestro salario —y, por consiguiente, de nuestro tiempo y esfuerzo— se dedicará a algo que nos gusta y que buscamos preservar para otros. Comenzamos a vivir con mayor sentido y conciencia, tanto de lo personal como de nuestro entorno.

Recapitulemos…

En esta sección se recomienda que, para cumplir con la difícil tarea de lograr que nuestra vida tenga mayor sentido y plenitud, aderezados con un propósito, es necesario:

- Utilizar como punto de partida el presente. Bueno o malo, es el que tenemos.

- Con honestidad e introspección, reconocer que vivimos tiempos asombrosos, generosos en avances y en razones para sentirnos agradecidos.

- Tomar conciencia de que la respuesta, es decir, el primer paso para el cambio, reside en nuestro interior y es necesario buscarla lejos del ruido y la distorsión externa. Poniendo atención a nuestra voz interior, habrá mayor claridad pues nuestro verdadero ser se encontrará lejos de las distracciones e influencias negativas.

- Empezar el proceso de cambio por nosotros mismos; solo así podremos cambiar nuestro entorno.

- Preguntarnos "¿qué agradecemos y valoramos más en nuestra vida, tanto como para desear preservarlo o incluso mejorarlo?" Este motivo es altamente gratificante pues va más allá de nosotros.

- Trazar todo ello nosotros mismos para que en los momentos difíciles tenga sentido para nosotros seguir adelante.

- Explorar y conocer a la bestia y al superhombre que residen en nuestro interior, no para juzgarlos, sino más bien para conseguir su colaboración.

- Finalmente, dar un paso, auqnue sea pequeño, pero darlo.

Reforzando...

Para concluir, citamos una frase de Friedrich Nietzsche en su libro *Twilight of the Idols: 'maxims and arrows'* (*Crepúsculo de los ídolos: máximas y flechas*), publicado en 1889: "Si tenemos nuestro propio porqué de la vida, nos las arreglaremos con casi cualquier 'cómo'".

[59]

Capítulo 10
Agradeciendo la adversidad

Sobre ansiedades, pensar en exceso, autosabotajes

En este capítulo hablaremos de la adversidad que surge de manera natural en la vida de todos. Seamos quienes seamos, tarde o temprano la enfrentaremos y aquí veremos cómo hacerlo de mejor manera para salir adelante. Expondremos que las personas que superan las dificultades no lo hacen mediante pensamientos felices. En términos específicos, la gratitud no se trata de concebir y expresar ideas agradables; más bien, es una forma de percibir el mundo y, por consiguiente, de percibir estas situaciones. Y es que gran parte del sufrimiento viene de nuestra mente.

Reforzando...

En el libro *Meditaciones* (meditación 11, libro 2), Marco Aurelio escribe: "Ciertamente, la muerte y la vida, el

> honor y la deshonra, el dolor y el placer, la riqueza y
> la pobreza, todas estas cosas suceden por igual a los
> buenos y a los malos". Estas palabras nos recuerdan
> que todos por igual tenemos problemas, lo que nos
> distingue es cómo los resolvemos. [60]

Cambiar nuestra perspectiva y considerar lo que sucede con más objetividad; centrarnos en lo que podemos controlar para salir adelante, y tomar en cuenta que lo malo siempre será una posibilidad, nos permitirá encararlo sin que nos sorprenda o, por lo menos, que nos sorprenda menos.

Todos tenemos días malos; la adversidad no discrimina, como mencionó Marco Aurelio en la obra comentada. Esos días que parecen no tener fin llegarán. Ese tipo de día muchas veces se presenta por factores externos sobre los que no tenemos control; es como una especie de villano cuya labor es ponernos obstáculos, hacernos más pesados los días, derribarnos al suelo y hacer que nos rindamos. Ese villano es un "no" en una negociación, es la popó de perro que pisas sin deberla ni temerla, es un golpe en el dedo meñique del pie con la esquina de la cama, es la mancha de salsa en tu camisa blanca, alguien en específico o todo aquello que causa un impacto negativo en nuestro día. Parecería que nuestra mente nos traiciona y se vuelve en nuestra contra. Todo ello desata un efecto en cadena: la mente empieza a pensar de forma negativa, lo cual causa ansiedad, preocupación y, en última instancia, autosabotaje. La mente se convierte en una amenaza aún más grande que los eventos externos y, como si de una maldición se tratara, las cosas empiezan a salir auténticamente mal, todo lo que hacemos en el día interfiere con nuestras metas a largo plazo y crea problemas donde quizá no los había.

Formas de autosabotaje

- Procrastinar (o aplazar).
- Culpar a otros.
- Actuar a la defensiva.
- Dar excusas.
- Pensar ofensivamente acerca de uno mismo.

Todas estas conductas y el sufrimiento que conllevan nos impiden convertirnos en las mejores versiones de nosotros mismos. Podemos ahorrarnos un par de penas identificándolas cuando tienen lugar. Pero inevitablemente llegarán momentos difíciles. Aun así, a continuación exponemos algunos conceptos para intentar entender que comportarnos así es algo natural y que habrá que mirarlas con otros ojos para que sus efectos sean menos graves.

El villano como héroe

¿Por qué las historias de villanos y héroes son tan populares? Reflexionemos por unos momentos... Nuestra literatura y cinematografía está repleta de estas historias por razones obvias: porque nos encantan. Si nos detenemos a hacer un breve análisis, todas tienen una ecuación muy similar. El héroe se aleja de su zona de confort, vive situaciones adversas, aparece un mal que es necesario enfrentar, el mal está por derrotar al héroe y este no se rinde a pesar de la situación, para así conseguir la victoria en un acto de valentía. Regresa a su cotidianidad, pero ahora es recibido como ídolo. Pensemos en nuestra historia favorita donde haya un "héroe"; lo más probable es que su relato siga este patrón.

La vida es igual. La auténtica victoria no es precisamente lo que logramos en los días buenos, sino:

- La forma como lidiamos con los días turbios y oscuros.

- La forma como convertimos un barril de desechos tóxicos en un tambor para hacer música.

- Lo que hacemos para recibir golpes y seguir de pie.

- El progreso y el aprendizaje se encuentran en saber hacerle frente a los errores y a la adversidad, lo cual nos ayuda a avanzar y aprender.

- Más relevante que dar un paso hacia adelante es el cómo lidiamos con habernos tropezado.

Esas son las verdaderas victorias. Los obstáculos siempre serán parte de la vida, por lo que no hay que considerarlos como fallos durante la marcha, sino como señales en nuestro camino. Ante su presencia en nuestra cotidianidad tenemos dos opciones: rendirnos o continuar. Para ello es fundamental tener en mente nuestro propósito o nuestra meta; así nos fortaleceremos para seguir adelante. Vale la pena.

Sobre los héroes: aportaciones relevantes

- La primera es del escritor y profesor estadounidense Joseph John Campbell, quien estaría de acuerdo con la idea de los héroes que aquí presentamos. Campbell realizó un trabajo que adquirió gran popularidad, en el cual compara historias sobre mitología y religión, abarcando muchos aspectos de la experiencia humana y el heroísmo.

Una frase que se le atribuye es:

> **"La cueva a la que temes entrar**
> **guarda el tesoro que buscas."**

Su significado es muy claro: lo mejor de la vida está del otro lado de nuestros miedos. Es decir, afrontar dificultades es lo que nos forja con mayor rigidez. Tal como las fibras musculares, es necesario romperlas para poder crecer. ¿Acaso las experiencias arduas no son las que más nos ayudan a crecer como personas? [61]

- La segunda es de Søren Kierkegaard, cuyo trabajo en gran parte se centró en los sentimientos que experimenta el humano al enfrentarse a las elecciones que plantea la vida. En su obra *El concepto de la Angustia*, publicado en 1844, manifestó lo siguiente:

**"Aquel que mira dentro del abismo, siente vértigo.
La ansiedad es el vértigo de la libertad."**

Con estas palabras Kierkegaard sostiene que sentir estas emociones es bueno, que el miedo a lo desconocido detonará este tipo de sensaciones y, mejor aún, que son una brújula hacia la liberación de nuestro ser. [62]

¿Alguna vez hemos sentido ansiedad?

Seguramente sí, ya que todos los posibles escenarios del futuro que nos planteamos generan angustia y preocupación, mayormente innecesarias. Si identificamos la ansiedad a tiempo, puede ser muy útil como combustible, pues nos recuerda que estamos por lidiar con situaciones desconocidas. Más adelante veremos una serie de pasos para superarla.

Nuestra mejor versión

Siempre existe una mejor versión de nosotros y en tanto no seamos fieles creyentes de esa idea, todo seguirá igual. Queremos dificultad en nuestra vida, algo que Kierkegaard confirma al decir:

"La tarea debe hacerse difícil, pues solo la dificultad
inspira a los nobles de corazón."

Ahora bien, si de subir una montaña se trata, hay que moverse, esforzarse, tropezar, seguir subiendo y dar un paso a la vez. La montaña es muy alta y es necesario tener paciencia para llegar a la cima. ¿Alguna vez se ha visto a los alpinistas que conquistan el Everest, a más de 8,800 metros de altura, subir corriendo? Por supuesto que no, porque, al igual que ocurre en la montaña metafórica, el objetivo es llegar lejos, no llegar rápido. Trabajar en nosotros mismos, conocernos, querernos y buscar la mejor versión de nosotros, es una maratón, no un *sprint*. [63]

Querer las cosas de forma tan inmediata es una de las causas de la proliferación de la ansiedad en el mundo. Aquello que en verdad vale la pena toma tiempo y mucho trabajo. Si nos preguntan hoy cuál ha sido nuestro mayor logro en la vida, probablemente la respuesta será algo en lo que trabajamos duro durante un periodo de tiempo considerable junto con cierto grado de dificultad sobrellevado con esfuerzo. ¡No nuestra suscripción a Amazon Prime para recibir paquetes en 24 horas! Hemos creado un paraíso donde todo está a nuestro alcance con un clic. No es casualidad que ahora más de 300 millones de personas sufran de trastornos de ansiedad en el mundo. Nuestro paraíso material se ha vuelto un infierno emocional.

El secreto: agradecer

Ahora bien, ¿cómo podemos enfrentar de manera directa esos días, esos pensamientos deprimentes y de autosabotaje? Regresemos al ejemplo del héroe y el villano. Bueno, llamémoslo "sujeto ordinario", ya que no será un héroe sino hasta haber derrotado al mal o al villano en cuestión. Para convertirse en héroe debe, por definición, haber enfrentado una situación adversa realizando una gran hazaña (pero no como la esposa del superhéroe Frozono al decirle que haberse casado con ella fue su mayor hazaña).

Aquí es donde entra la gratitud en la historia. No podemos ser héroes si no existe un villano o una situación adversa por enfrentar. Esos días malos, son el villano de nuestra vida.

Cuando cobremos conciencia de esta idea, podremos reconocer que esos días son justo la razón por la cual nos hacemos más fuertes y mejores personas. Sin ellos no hay héroes. Saber agradecer nuestras circunstancias y lo que está por venir después de la tormenta marca la diferencia entre ser derrotado por esos días o salir adelante en los momentos de mayor oscuridad. Si el día ya es malo, solo quedan dos caminos: empeorarlo o salir adelante.

Pasos para hacerle frente

Enseguida presentamos un ejercicio con cinco pasos prácticos que concebimos con el fin de afrontar y superar problemas, ansiedad y/o adversidad.

Ejercicio

Paso 1: Respira profundo y vuelve a respirar profundo.

Por más insignificante que parezca, inténtalo y pondrás un alto a la situación. No es una idea nueva, pero por algo se repite tanto en las recomendaciones para encontrar tranquilidad. Al respirar profundamente, en verdad pareciera que el tiempo se detiene por un breve instante. Para no caer en la ambigüedad, utilizaremos una técnica presentada en un artículo publicado por UW Medicine —un sistema integrado de salud clínica, investigación y aprendizaje cuya única misión es mejorar la salud del público—, el cual sustenta esta recomendación. Según Kristoffer Rhoads, neuropsicólogo clínico que trata a pacientes en el Centro de Bienestar Cerebral y Memoria de Medicina de la UW en el Centro Médico Harborview:

"Cuando estás estresado o ansioso, tu respiración tiende a ser irregular y superficial, tu cavidad torácica solo puede expandirse y contraerse hasta cierto grado, lo que dificulta la entrada de más aire."

"La respiración profunda (a veces llamada respiración diafragmática) es una práctica que permite que fluya más aire por todo el cuerpo, lo cual ayuda a calmar los nervios, y a reducir el estrés y la ansiedad. También es útil para mejorar la capacidad de atención y aminorar el dolor. Sin duda, la respiración es lo absolutamente primordial..." [64]

Paso 2: Nombra a tu demonio.

Practica la introspección, ponle cara a tu demonio, descríbelo, contémplalo minuciosamente, identifica la amenaza, usa palabras concretas, aléjalo del mundo ambiguo y abstracto. Al hacerlo, todo quedará más claro y la amenaza no será ya la ansiedad, sino el miedo. La importante diferencia es que la ansiedad paraliza, controla tu mente a discreción. Cuando está presente, la amenaza es desconocida, lo mismo que su causa. En cambio, al sentir miedo la amenaza es clara, sabemos qué debemos afrontar y podemos prepararnos. Para conseguirlo, es preciso ser honesto contigo mismo, conocerte un poco mejor y poder darle forma a esos demonios, encarnarlos en miedo, pues este es concreto y podrás combatirlo.

Paso 3: Pregúntate: ¿qué quieres? ¿Cuánto de esto puedo controlar?

En este paso tendrás que empezar a mostrar un poco más de carácter. Por ejemplo, si tu demonio es la ansiedad que te causa realizar una determinada tarea o tratar con alguna persona en particular, ya sabes cuál es la amenaza. Por otra parte, si estás evitando hacer cierta labor por lo abrumador que te parece completarla, esta se mantendrá en un nivel parcialmente abstracto. Para afrontarla con eficacia, es preciso que conozcas en concreto cuál es tu tarea. Divídela en muchas partes pequeñas, en cosas que puedas controlar y realizar con facilidad.

Te invito a analizar un ejemplo. Si lo que quieres es hacer ejercicio pero lo postergas porque tan solo pensarlo te agobia:

- Empieza por ponerte la ropa adecuada, tarea que seguramente puedes realizar.

- Busca en internet una rutina —solo búscala—, para decidir cuál podría ser una buena opción para ti.

- Elige la música que escucharás.

- Siéntate y haz la primera abdominal (una solamente).

- Si llegas a este paso y te percatas de que sería una pérdida de tiempo no hacer la segunda, hazla y así lograrás la primera repetición.

- Suma poco a poco estas labores fraccionarias y habrás hecho ejercicio durante media hora.

Este ejemplo te ayudará a entender de forma práctica lo que representa atravesar la neblina paso a paso. Como no alcanzas a ver el otro lado, cuida cada uno de tus pasos para poder dar el siguiente y controlar lo que decidas hacer. Así podrás llegar al otro lado y verás que no era tan complicado como tu mente lo hacía parecer al no vislumbrar el camino completo.

Paso 4: Canaliza, cambia la perspectiva.

Ya con más claridad mental, aprende de tus sentimientos y escribe qué sentiste en ese momento. Es importante hacerlo porque las emociones suelen repetir patrones de detonación. La próxima vez que sientas algo similar, repite los primeros tres pasos, pero ahora apóyate en tu experiencia. Canaliza tu mente, echa mano del cambio de perspectiva —mirarte desde fuera—, y utiliza tus sentimientos como guía.

Charla con alguien; por lo general, intentar explicarlo a un tercero resulta tranquilizador pues, como ya vimos, poner los sentimientos en palabras concretas los aleja del surrealismo y permite contemplarlos y analizarlos nítidamente.

Paso 5. Agradece.

Por último, insistimos, tu vida está llena de acontecimientos y objetos que vale la pena recordar, disfrutar y agradecer, y tenerlo en mente te brindará una sensación de paz.

Un "método científico"

Para resumir estos pasos y comprender con facilidad el objetivo de su aplicación, proponemos verlos como un pequeño pero práctico método científico. Si para enfrentar cualquier situación usamos una lógica similar a la del método científico, podremos resolver los problemas con mayor facilidad, al hacerlos simples. La lógica es la siguiente:

Si... → entonces...

Se trata de una forma sencilla, inteligente y práctica de acotar la resolución de problemas. Por ejemplo: si giro la llave, **entonces** el automóvil se encenderá.

Esta lógica siempre deberá ir seguida de retroalimentación: ¿qué sucedió? Recibir información sobre la acción recién llevada a cabo nos permite validar o descartar la hipótesis que formulamos. De este modo sabremos cómo actuar en futuras situaciones. Sabremos si nuestra lógica y la forma en que consideramos las situaciones son correctas o erróneas. Si en el ejemplo anterior el automóvil no se encendió, buscarás nuevas formas de pensar y actuar hasta obtener el resultado adecuado.

En el paso 2 observamos que una buena forma de pensar es enfocarnos en aspectos nítidos, sencillos y concretos. Una acción clara e intencional debe respaldarse con un pensamiento claro. La acción por tomar deja de ser abstracta porque está implícita en la forma de pensar. Veámoslo de este modo:

Pensamiento claro: Si giro la llave, entonces el automóvil se encenderá.

Acción concreta: girar la llave

¿Qué pasó?: ¿ocurrió o no?

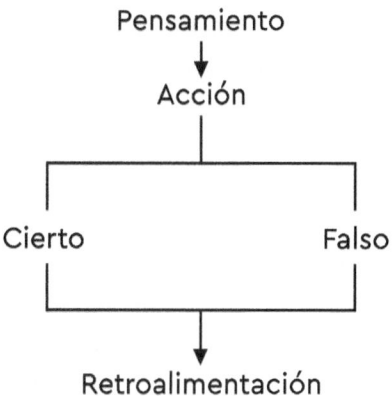

El mismo proceso puede aplicarse a otro tipo de situaciones; por ejemplo, si tomo bebidas alcohólicas toda la noche, entonces me sentiré como un *rockstar*. ¿Qué sucedió? Sí me sentí como *rockstar* toda la noche, pero el sentimiento y el malestar físico del día siguiente me dan una retroalimentación negativa. En nosotros estará decidir si repetirlo; lo importante aquí es que sabemos cuál fue el efecto. En otras palabras, qué labor o labores específica(s) debemos emprender para obtener X o Y resultado.

- **Si** hago mis labores, **entonces** estaré más tranquilo(a).

- **Si** hago ejercicio, **entonces** mi ansiedad disminuirá.

- **Si** me quedo en el sillón todo el día, **entonces** sentiré tristeza y depresión.

- **Si** continúo leyendo este grandioso libro, **entonces** aprenderé algo útil.

Cuanto más experimentemos e interactuemos con el mundo de esta forma, más nos acercaremos a una forma objetiva y correcta de ver y hacer las cosas. Si nuestras hipótesis resultan incorrectas con constancia, gradualmente aprenderemos qué sí es lo apropiado, cuál es la verdad, qué no debemos hacer. Poco a poco seremos mejores para enfrentar problemas. Si mantenemos simples nuestros pensamientos y acciones, tanto el mundo como los problemas serán más razonables. Estaremos al tanto de qué acciones provocan qué consecuencias. Con esta información a nuestra disposición, las situaciones serán menos ambiguas y a nuestro juicio quedará decidir qué vale la pena hacer o no hacer. Sabemos ya que el método científico es más que una excusa para hacer volcanes efervescentes en primaria. Es aplicable en nuestro camino hacia el desarrollo personal.

Ayúdate y ayuda a superar la adversidad

Es complicado lidiar con las emociones, nadie en su sano juicio las domina por completo y nadie nunca lo hará. Renunciar a ellas sería renunciar a nuestra humanidad; nos convertiríamos en robots y la gran mayoría de nosotros no queremos eso.

Las emociones son naturales y, por lo tanto, inevitables. Positivas o negativas, son indispensables para conocernos mejor.

Las cuatro recomendaciones anteriores no garantizan que podamos sobrellevar las situaciones de adversidad, pero representan opciones saludables para hacerles frente.

Por supuesto, hay algunos trastornos de ansiedad y condiciones médicas más graves que requieren medicamentos. En estos casos, dichas recomendaciones son menos que un cero a la izquierda. Aun así, todas las demás ideas expresadas en este capítulo son una manera benévola de mirar la desdicha con otros ojos. Todos somos extraordinarios seres humanos que encaramos nuestras propias batallas. En nuestro poder está sacarle el mayor provecho a nuestra vida, mostrar coraje y, de ser posible, ayudar a otros a sobrellevar situaciones por las que nosotros ya hemos pasado.

Ejemplo

La lista siguiente presenta unos cuantos ejemplos de personas extraordinarias y de la situación u obstáculo que sobrellevaron.

- Walt Disney. Nació en la pobreza y comenzó a vender dibujos para obtener un poco de dinero.

- Stephen Hawking. A los 21 años de edad se le diagnosticó esclerosis lateral amiotrófica, una enfermedad neurológica sin cura caracterizada por la degeneración progresiva de las células nerviosas en la médula espinal y el cerebro.

- Oprah Winfrey. Padeció múltiples tipos de abuso desde los nueve años de edad.

- Andrea Bocelli. Sufrió un accidente que lo dejó ciego a los 12 años.

- Abraham Lincoln. Adolecía de depresión crónica (en un gran libro titulado *La melancolía de Lincoln: cómo la de-*

presión desafió a un presidente y alimentó su grandeza, Joshua Wolf Shenk habla en detalle sobre el tema).

Son cientos y cientos los ejemplos de los que podríamos hablar, puesto que, como bien sabemos, los problemas son inevitables. En cambio, las excusas son una decisión. En gran medida, lo único que se opone en el camino para lograr algo es nuestra mentalidad. El mismo van Gogh, uno de los pintores más emblemáticos de la historia, quien solamente vendió una pintura en toda su vida, nunca se rindió. Murió sin dejar de intentarlo y nunca fue testigo de la enorme fama que ahora lo rodea.

Consideraciones finales

Agradecer que en nuestra vida haya un cierto grado de adversidad no significa que promovamos el ser masoquistas y que a la primera señal de conflicto exclamemos: "¡Oh sí, más problemas, me encantan!". Más bien, el propósito es:

- Entender su papel en nuestra cotidianidad.
- Estar listos para ella porque, lo deseemos o no, llegará y es importante que lo haga.
- Mirar los problemas, el infortunio, la adversidad, el conflicto, la desdicha, como oportunidades para forjar nuestro carácter.
- Agradecer su existencia, pues mejorará la nuestra.
- Comprender que su paso por nuestra vida es ineludible e incontrolable, aunque necesario.

- Entender que está bajo nuestro control percibirla con agradecimiento, para que sea más sencillo sobrellevarla.

- Tener claro que al lamentarnos, quejarnos o enojarnos por la adversidad, lo único que logramos es empeorarla. Después de todo, la mayor parte del sufrimiento se origina desde nuestra forma de pensar y ver el mundo. Incluso lo malo, con la perspectiva correcta, se puede agradecer.

Reforzando...

Como dijera Gandhi: "Mantén tus pensamientos positivos porque tus pensamientos se convierten en tus palabras. Mantén tus palabras positivas porque tus palabras se convierten en tus acciones. Mantén tus acciones positivas porque tus acciones se convierten en tus hábitos. Mantén tus hábitos positivos porque tus hábitos se convierten en tus valores. Mantén tus valores positivos porque tus valores se convierten en tu destino". [65]

Este espléndido mensaje de Gandhi nos permite discernir que todo lo bueno nace desde nuestro interior. El punto de partida es pensar de forma apropiada, tomando en cuenta que es una de las pocas cosas que en realidad somos capaces de controlar. Esos pensamientos más tarde serán acciones y, de ahí en adelante, olvida las angustias ya que nadie puede controlar lo incontrolable.

Capítulo 11
Relaciones gratas

Hasta este punto hemos hecho un análisis muy puntual de los beneficios que comportarnos con gratitud conlleva, entre otros:

- Salud física.

- Salud mental.

- Aumento de la capacidad de valoración.

- Guía de vida.

- Control emocional.

- Amortiguación de caídas.

- Solución de conflictos.

Estas ventajas han sido, en su mayor parte, algo individualistas. Sin embargo, la realidad es que también las disfrutan quienes nos rodean. En este capítulo, dejaremos de considerar la gratitud como algo personal y abordaremos cómo puede generar interacciones sociales saludables. Presentaremos respuestas a preguntas esenciales como las siguientes:

- ¿Qué sensación causa recibirla y no solo expresarla?
- ¿Qué siente alguien que la recibe?
- ¿Cuáles son su impacto y su importancia en la interacción humana?

El gran Aristóteles (384-322 a. de C.) manifestó: "El hombre es un ser social por naturaleza", frase que resalta el hecho de que nuestra especie, de forma predeterminada, necesita de otros para sobrevivir. Esta característica social se desarrolla a lo largo de nuestra vida de formas tanto empírica como subjetiva. Cada individuo, con base en sus propias experiencias y conocimientos, desarrolla formas de interactuar. Buenas o malas, estas pueden determinar un gran porcentaje de nuestro bienestar porque el cómo nos interrelacionamos es un rasgo de nuestra naturaleza. [66]

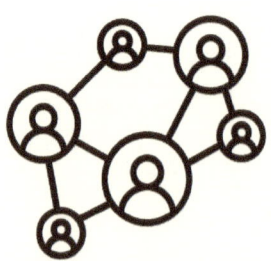

El ser humano aprende a interactuar a lo largo de su vida porque lo necesita. De igual manera, como prueba y error, comprende qué actitudes pueden provocar una buena o mala reacción por parte de sus semejantes. Sin embargo, parece que muy pocas personas son capaces de sostener relaciones auténticamente saludables, algo que no debemos juzgar, pero tampoco justificar.

La tecnología y su influencia en las relaciones interpersonales

Vivimos en una realidad rodeada de tecnología que, por más asombrosa que sea, representa un arma de doble filo. Mucho de algo no es bueno.

Basta mirar la siguiente tabla, en la que se expone una extracción de datos obtenidos de una publicación de 2023 que muestra la estadística de los países con mayor número de divorcios.

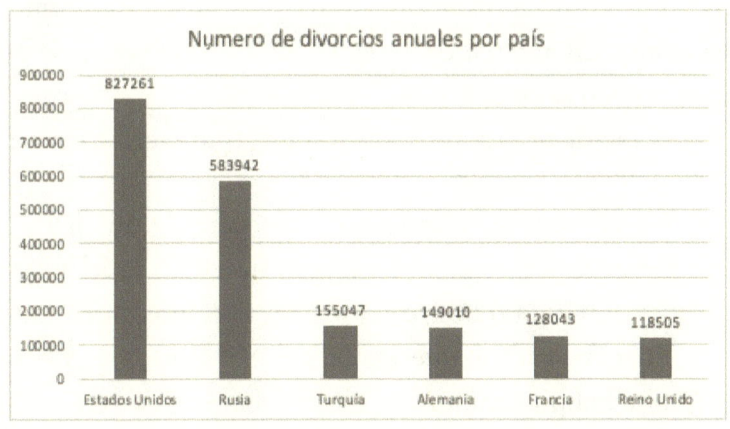

¿Será casualidad que todos estos países sean desarrollados? No es fácil construir una relación auténtica y duradera, y es muy sencillo arruinarla, sobre todo con redes sociales repletas de relaciones y personas que venden estilos de vida perfectos, entre decenas de comillas. Serán perfectos para muchos fines, pero para interrelacionarse, en absoluto. El solo observar lo que sucede en la mesa contigua en un restaurante, en la que toda la familia está mirando su celular, siempre es un golpe de realidad. [67]

Estadísticas sobre los *smartphones*

En este siglo el teléfono celular se ha convertido en la herramienta humana más importante. Nos permite realizar miles de tareas que antes requerían de un aparato por cada una. Sin embargo, ha desencadenado una situación alarmante. La razón principal es que genera un alto grado de adicción. Su uso, que es algo íntimo y mayormente individual, provoca que el cerebro segregue dopamina y oxitocina (la hormona del amor). Literalmente se crea un vínculo afectivo y de pertenencia con estos aparatos.

Las estadísticas al respecto son un tanto escalofriantes:

- Según Statista, plataforma especializada en datos de mercado y consumo, en marzo de 2023, en el mundo hay 6,920,000,000 usuarios de teléfonos inteligentes. Tal cifra indica que cerca del 87% de la población mundial posee uno.

- El tiempo global promedio de uso oscila entre cuatro y siete horas por día.

- La persona promedio lo revisa aproximadamente cada 15 minutos.

El problema no es el teléfono, sino nuestra relación con él. Lo que deteriora es el abuso, por ejemplo, pasar horas viendo videos de personas bailando.

- ¿Qué utilidad tiene verlos incesantemente?
- ¿Qué tanto podemos aportar al mundo o a nosotros mismos, si perdemos horas del día prácticamente hipnotizados por el celular?
- ¿Cuánto tiempo y atención podemos realmente prestarle a la persona que está a nuestro lado, si cerca del 40% de las horas que estamos despiertos se las regalamos a un objeto inerte?

Somos humanos al fin y al cabo, y solemos cometer este tipo de errores. Muchas veces ni siquiera es porque queremos, los impulsos son naturales. Lo que importa es reconocer áreas de oportunidad para hacerles frente con actos que demuestren nuestra voluntad de sacarle más provecho a la vida. Aquello que vale la pena toma tiempo, atención y esfuerzo. [68]

La memoria y las emociones

Como introducción a este tema, recordemos alguna ocasión en la que alguien haya hecho algo que nos lastimó. El simple recuerdo puede detonar lo que sentimos en esa situación:

- Coraje.
- Tristeza.
- Ira.

- Decepción.
- Ansiedad.
- Miedo.
- Angustia.

Según múltiples estudios en el campo de la psicología, las personas recordamos con mayor detalle las situaciones y los momentos relacionados con estas emociones. De manera natural, así estamos diseñados. El cerebro humano ha desarrollado una conexión directa entre los sentimientos negativos y la memoria a largo plazo. En términos evolutivos, esto nos permite aumentar las probabilidades de supervivencia, dado que, bajo ciertas circunstancias, es más significativo recordar dónde vive la familia de leones que dónde está esa bonita piedra con forma de estrella que vimos. Por tal razón, la memoria suele resaltar los recuerdos negativos de modo más puntual que los positivos. Por ello debemos ser muy cuidadosos al interactuar.

Por otra parte, también es muy importante cuidar cómo mostramos nuestra gratitud. Pensemos en todas las veces que ayudamos a alguien y no recibimos más que un gesto de ingratitud. No apreciar y/o reconocer lo que otros hacen por nosotros es un detonante de todas las emociones negativas mencionadas.

Reflexionemos sobre situaciones actuales o pasadas en las que haya sucedido algo así; por ejemplo:

- Cuando le prestamos algo a un familiar o amigo y nos lo devolvió en mal estado.

- Cuando fuimos por alguien al aeropuerto y nos reclamó por llegar un poco tarde.

- Cuando padecimos por la infidelidad de alguien.

La ausencia de un sincero "gracias" genera la sensación de que algo falta. No esperemos que los demás agradezcan lo que hacemos por ellos, porque actuamos así sin esperar algo a cambio.

Sin embargo, para fortalecer la relación, esta expresión resulta una herramienta muy importante. La reciprocidad es vital en los vínculos humanos y la gratitud es la forma más pura de demostrarla.

No es muy difícil identificar estas situaciones, ¿cierto? De nuevo, la generosidad es por lo general un acto de bondad desinteresado. No obstante, no deja de ser irritante no recibir a cambio al menos un discreto agradecimiento. Por lo común, al recordar con mayor facilidad este tipo de conducta, las personas dejan de proporcionar su apoyo e interés.

Las actitudes desagradecidas son señales que envían quienes no aprecian lo que tienen y creen que lo merecen todo, quienes subestiman sus defectos y sobreestiman sus virtudes, y que suelen sobreestimar los defectos y subestimar las virtudes ajenas.

Asimismo, todos hemos hecho alguna vez algo bueno por alguien y, por consiguiente, alguna vez alguien ha hecho algo bueno por nosotros. No obstante, al parecer las buenas acciones suman menos a la memoria que los sentimientos negativos. Por eso la construcción de relaciones toma más tiempo y se dificulta más, aunque no deja de ser igualmente relevante reconocer ambos comportamientos. Así como necesitamos buenas relaciones, las malas o fallidas pueden aportar gran valor: nos brindan diferentes enseñanzas a lo largo de la vida y mucho de ello ocurre al saber qué no queremos, y al reconocer la importancia proporcional de lo que sí queremos.

Una vez identificadas, es esencial poner en práctica la empatía y hacer o no hacer ciertas cosas dentro de las relaciones. En pocas palabras, no hacer aquello que no nos gusta recibir y hacer aquello que sí nos agrada recibir.

Interactuar con gratitud: un buen paso

Vínculos

Por otro lado, mostrar gratitud hacia los demás, en especial a aquellos que nos brindan su ayuda, los mantiene interesados en tener una relación con nosotros a largo plazo y comprometidos con ella. Su tiempo, su empeño y los inconvenientes que sufren parecen valer la pena. Esta muestra de valoración de los actos de alguien es fundamental porque para construir un futuro prometedor, necesitamos rodearnos de gente que sepa que sus esfuerzos son tomados en cuenta.

En las relaciones interpersonales, la gratitud es un vínculo que une al emisor y al receptor de forma muy particular. El emisor de la gratitud es el receptor del bien recibido; a su vez, el receptor de la gratitud es el emisor del bien. Por consiguiente, a un auténtico gesto de bondad siempre debería seguirle un agradecimiento genuino, lo cual daría lugar a una cadena de acciones positivas en la que se intercalan el emisor y el receptor.

Muestras de gratitud

Diversas evidencias sustentan estas ideas. En una serie de estudios que realizaron, Adam Grant y Francesca Gino comprobaron que, cuando no se agradece a alguien por su ayuda, la ayuda que esta persona brinda a los demás de inmediato se reduce a la mitad.

1. Los participantes que ayudaron a un compañero mediante una carta de presentación y recibieron agradecimiento por ello, tendieron más a ayudar a otro con el mismo tipo de carta, que aquellos a quienes no se les agradeció de manera similar.

2. En otro estudio se encontró que, entre los estudiantes que realizan colectas para obtener fondos escolares, el agradecimiento de su director se relacionó directamente con el aumento en el número de llamadas de personas que ofrecían donar. También se planteó que el efecto

de la expresión de gratitud en el comportamiento prosocial podría vincularse con un aumento de los sentimientos de valor social.

En otras palabras, las expresiones de gratitud aumentan el comportamiento prosocial al permitir que las personas se sientan valoradas en este ámbito. [69] [70]

Modales

Desde otro punto de vista, se trata, sencillamente, de modales. Los modales no son mandamientos legales que deban seguirse al pie de la letra y que dicten que quienes nos los cumplan serán castigados. Nosotros decidimos adoptarlos en la vida por nuestro propio bienestar y el bienestar de los demás. Hablamos de actitudes que por lo común se aprenden desde nuestra temprana niñez y cuya adopción se califica como "buena educación". Son maneras de relacionarse que, a lo largo de la historia, han permitido desarrollar relaciones duraderas. La cortesía es una forma de respeto y el respeto es el origen de la armonía. En lo singular y en lo colectivo, esta es la base de la dignidad humana.

No se trata de ser falsos e intentar dar gusto a los demás todo el tiempo. Lo que aquí pretendemos es dar a conocer que, al actuar con gratitud, todos reciben un beneficio por sus acciones. Si lo consideramos desde cualquier perspectiva, cuando agradecemos lo que otros hacen, generamos un sentimiento positivo en ellos y sembramos una semilla en su memoria que puede crecer poco a poco hasta convertirse en una auténtica y saludable relación. Estas acciones son una muestra de atención y educación basadas en el interés en los demás.

Del mismo modo, cuando alguien aprecia lo que nosotros hacemos, nos quedamos con una buena impresión de esa persona. La próxima vez que alguien nos invite a su casa o tenga cualquier tipo de atención para con nosotros, esperemos a la mañana siguiente para escribirle un breve mensaje con las palabras "Gracias por todo". ¿Quién no quisiera despertar y leer un mensaje así? Comportamientos o acciones de este tipo nunca sobran.

La expresión emocional es una de las mejores formas que tenemos para relacionarnos. Dar a entender lo que sentimos, o por lo menos tratar de hacerlo, permite crear vínculos basados en la empatía. Si expresamos gratitud, la percepción que la gente tendrá de nosotros es que somos agradecidos, gratos. En otras palabras, nuestra imagen se convertirá en la de alguien con "gracia" (nombre propio femenino de origen latino proveniente de *Gratia*, derivado de *gratus*, que significa "agradable"). Un nombre cuya popularidad proviene del catolicismo, en el cual «gracia» es un don concedido por Dios para ayudar al hombre a cumplir su voluntad, salvarse o ser santo.

Cierre

Ahora comprendemos la importancia del papel que la gratitud desempeña en la interacción humana y no solo en nuestro desarrollo intrapersonal. Necesitamos relaciones sanas en nuestra vida y una forma muy sencilla, pero eficaz, de desarrollarlas es mostrar nuestro reconocimiento. Brindar ese reconocimiento, o hacerlo a un lado, es la decisión que se ubica en el punto de inflexión hacia el constructivismo o el desagrado, respectivamente. Puede cambiar por completo la forma en la que progresamos socialmente. Un agradecimiento siempre será bien recibido.

Capítulo 12
Perdón → Gracias

En este breve capítulo reflexionaremos acerca del perdón. Hablaremos de su enorme relevancia para reforzar nuestra mentalidad y nuestro bienestar emocional. Intentaremos crear un juicio objetivo sobre cuándo es preciso ponerlo en práctica y cuándo no. Utilizaremos nuestro tema central para darle un giro a algunas situaciones y acrecentar la confianza en nosotros mismos y la conciencia de quiénes somos.

El perdón es un asunto delicado y hay que tratarlo como tal. La acción de perdonar o pedir ser perdonado trae a flote un conjunto de sentimientos y valores muy puntuales: responsabilidad, humildad, consideración, respeto y compunción, entre otros. En la religión representa un atributo divino. Aquel que lo pide deberá estar completamente arrepentido de sus acciones, reconocer su error y trabajar en profundidad en su persona para pedir la absolución de sus actos.

El objetivo de pedir y otorgar el perdón es conseguir un nuevo comienzo, para no repetir las acciones en cuestión en el futuro. Empezar desde cero, dejando lo sucedido en el pasado. Claramente, perdonar no significa olvidar; hay que tenerlo en mente justo para que no vuelva a ocurrir. Por esta razón es tan sagrado el perdón en muchas religiones. Perdonar es no juzgar a las personas por sus acciones erróneas, es tomar en cuenta las veces que admiten sus errores y trabajan día con día en no repetirlos. Es decir, solicitar u otorgar el perdón requiere un genuino y profundo reconocimiento. Utilizado de manera apropiada, resulta sumamente gratificante y apoya el desarrollo personal.

Es recomendable asumir la responsabilidad de las propias acciones y disculparse cuando sea necesario. Actuar de esta manera puede ayudar a reparar las relaciones y demostrar respeto hacia los demás. Sin embargo, disculparse por cosas menores de manera constante y repetitiva también puede ser problemático y disminuir el impacto de las disculpas sinceras. Busquemos el equilibrio usando las disculpas con cuidado y cuando sea apropiado.

Uso y abuso al pedir perdón

De acuerdo con un artículo escrito por la periodista Linda Geddes para la cadena de televisión BBC, las personas —en este caso los británicos— piden perdón hasta 20 veces al día. Esto redunda en un dilema grave: practicar el ejercicio adecuado del perdón es agotador, por lo que es probable que las disculpas tengan poco o ningún valor. [71]

El problema no es decir perdón 20 veces al día. Como es obvio, si chocamos con alguien por caminar viendo el teléfono, debemos disculparnos con esa persona, dado que actuamos de manera descuidada y no queremos que eso vuelva a suceder. El problema real es más profundo porque utilizarlo tantas veces al día se vincula con nuestra forma de pensar. ¿Qué pensaríamos de alguien que llega tarde un día, pide perdón y sigue llegando tarde repetidas veces expresando su disculpa correspondiente? Sencillamente, que no lo lamenta. Pedir perdón con tanta frecuencia está directamente ligado a una mentalidad carente de confiabilidad y disciplina.

Reforzando...

Para sustentar esta idea, compartimos los descubrimientos de Jay Rai, psicólogo especializado en empoderamiento en el campo de la neurociencia y la salud mental. En una publicación para *Forbes*, Rai afirma:

"Pedir disculpas en exceso es un síntoma común entre las personas con baja autoestima, miedo al conflicto y miedo a la opinión de los demás. Esto va de la mano con actuar dentro de límites deficientes, tal vez asumiendo la responsabilidad por algo que no hicimos o no pudimos controlar. De inmediato nos sentimos culpables como si todo fuera achacable a nosotros y es probable que tengamos esta creencia desde nuestra infancia. Cuando alguien tiene miedo al rechazo y a la crítica, hará todo lo posible por ser complaciente." [72]

Ahora que sabemos cuán delicado es el perdón, podemos comprender que su uso debería limitarse a situaciones de auténtico arrepentimiento.

Un estudio de caso

Pensemos en que llegamos 10 minutos tarde a una reunión porque tuvimos que llevar a nuestros hijos a la escuela y había mucho tráfico. Ya que el tráfico está fuera de nuestro control, si surgió de manera inesperada, quizá no haya necesidad de disculparnos. Sin embargo, si en verdad lamentamos nuestra impuntualidad, esto no nos exime de la responsabilidad de respetar a los demás y al planificar la siguiente reunión, programar algo de tiempo para imprevistos.

Ahora bien, existe otra forma de abordar muchas de estas situaciones, causando un mejor impacto en nosotros y los demás. Un impacto positivo que no disminuye el impacto de las disculpas sinceras.

Imaginemos la misma situación. Llegamos tarde a una reunión y, en lugar de encogernos, hacernos menos y opacar nuestra confianza pidiendo "perdón por llegar tarde", decimos: "Muchas gracias por su paciencia".

Supongo que ya sabemos hacia dónde vamos. Qué forma tan diferente de abordar la misma circunstancia, ¿no es así? En el primer escenario vemos que toda la situación recae en una sola persona y la afecta negativamente. En cambio, en el segundo escenario se observa una mentalidad por completo diferente, se aborda el problema con confianza y, además, se brinda un cumplido a los demás al resaltar y reconocer su tolerancia.

Ejemplo

Los siguientes son algunos ejemplos de esta actitud:

Perdón por llegar tarde	=	Gracias por su paciencia
Perdón por lo que te hice	=	Gracias por tu tolerancia
Perdón, se me olvidó	=	Gracias por recordarme
Perdón, hablé mucho tiempo	=	Gracias por tu atención
Perdón por molestarte	=	Gracias por recibirme
Perdón, pero no entiendo	=	Agradecería que me ayudes a comprender

Perdón vs gracias

Esta sencilla práctica cambia por completo la configuración de nuestro cerebro. Recordemos que, en Gran Bretaña, en promedio, las personas piden perdón 20 veces al día. Ahora bien, en una encuesta realizada por el *New York Daily News*, los resultados muestran que, en promedio, las personas —en este caso los estadounidenses— solo dan las gracias cinco veces al día. Esto significa que la disposición a pedir perdón es cuatro veces mayor que la de agradecer cuando —para evitar

que se piense que nuestra autoestima es baja— el primer escenario debería ser exclusivo para situaciones de mayor gravedad
y verdadera introspección. Esto no quiere decir que debamos
erradicarlo por completo, pues en gran medida se expresa de
forma coloquial. En cambio, podemos dar las gracias cuantas
veces deseemos en el día y la reacción siempre será positiva.
De nuevo, la perspectiva es fundamental para crear una mentalidad de mayor provecho. [73]

¿Has escuchado a alguien decir: "Es molesto que todo el día
seas agradecido"? Probablemente no. Podría ser más común
escuchar: "Qué molesto que todo el día estés pidiendo perdón", a veces seguido, irónicamente, por un "perdón". No
está mal disculparse, todo lo contrario. Lo que se pretende
es que cuando se haga sea de forma honesta para hacer valer su uso. Sin siquiera mencionarlo, resulta obvio que quien
se disculpa constantemente, puede considerarse más débil
que aquellos que distinguen cuándo es en realidad necesario
hacerlo. Aquí la intención es incrementar la confianza al re-
configurar la forma en la que pensamos y somos percibidos.
Quien tiene mentalidad de agradecimiento se rodea de gente
que quiere convivir con él o ella porque se le percibe como

una persona con más "color", confianza y entusiasmo. En otras palabras, que tiene "gracia".

Cierre

El perdón es esencial en las prácticas de desarrollo personal. Ahora bien, la actitud propuesta fomenta que nuestro subconsciente preste más atención al uso y el desuso del perdón, y a la vez refuerce el uso de la gratitud, cuya utilidad ha sido más que analizada a lo largo del texto. Vale la pena destacar cómo en momentos de iluminación, ser conscientes de las veces que pedimos perdón, reconfigura nuestra personalidad y nuestra percepción. Por consiguiente:

- Podremos reflexionar si es necesario hacerlo de modo que, cuando alguien escuche nuestras disculpas, sepa bien que en verdad esas palabras tienen valor por ser tan exclusivas y limitadas.

- Veremos que muchas de estas situaciones se convertirán en momentos de breve observación objetiva.

- Nos conoceremos mejor ya que este, al igual que los demás ejercicios planteados a lo largo del libro, nos impulsan a identificar la causa y la esencia de nuestras acciones.

- A partir de ese momento, seremos nosotros quienes, con ética, decidiremos el paso a seguir.

Capítulo 13

La pequeña estrella

La gratitud es un elemento clave en las relaciones interpersonales. Como es natural, mucho nos preocupa nuestra interacción con otras personas. Hay una en específico con quien somos duros en especial, a quien solemos juzgar estrictamente, sin prestar atención a quién es en realidad y cómo podemos aprovechar su potencial adecuadamente. Esta persona eres tú, somos nosotros mismos. La relación que llevamos con nosotros es la más importante de todas. Es la que vamos a sostener cada instante de nuestra vida, por lo que vale mucho la pena estar en sintonía. En esta sección se aborda la gratitud como ingrediente para detonar el poder de la perspectiva.

Controlamos una fracción insignificante del mundo a nuestro alrededor, en tanto que el interior (específicamente nuestros pensamientos) tenemos la capacidad de controlarlo casi por completo. Nosotros no decidimos cuál será nuestra estatura, no perdamos tiempo lamentando no alcanzar las latas de la repisa más alta. Dediquemos nuestro enfoque, tiempo y energía a aquello que sí podemos mejorar, por ejemplo, nuestra persona.

En relación con nuestro tema, te invito a leer el siguiente relato.

Relato

La estrella y el cometa

Había una vez una familia de estrellas, todas ellas muy muy grandes y luminosas. La familia siempre presumía de sus miembros de gran masa y brillo. Un día nació en el seno de esa familia una estrella de tamaño mediano. Al ver que no tenía la misma grandeza, sus parientes le hacían la vida imposible y constantemente le decían que era una vergüenza para toda la familia. Sus hermanos la molestaban por su tamaño. Sus primos se burlaban porque su brillo no era tan intenso como el suyo. Y sus padres la miraban con decepción. Todos los días se iba a la cama triste y sola.

Cada vez que intentaba que su familia la aceptara, volvían las mismas burlas y rechazos. Odiaba no tener tanto brillo ni generar tanto calor como sus hermanas. Lloraba todos los días por no ser igual de grande que ellas.

Un día, la familia en pleno se reunió para un festejo. Tímida, nuestra estrella preguntó a sus primas:

—¿Puedo jugar con ustedes?

Entre risas, le respondieron:

—No, eres muy pequeña a comparación de nosotras.

Sintiéndose muy triste y rechazada, salió a dar un paseo por el espacio.

No dejaba de pensar en sus defectos. Su único deseo era llegar a ser tan grande como los demás.

De pronto, en su camino vio una insólita luz con colores muy distintos de los que conocía. Curiosa, decidió acercarse.

Era un cometa, vagando por el espacio.

El cometa se percató de que la estrella estaba triste y le preguntó:

—¿Te encuentras bien?

—No, es que toda mi familia se burla de mi tamaño, en verdad daría lo que fuera por ser como ellos y por que me acepten —respondió.

El cometa, que era muy sabio, le dijo:

—He viajado durante millones de años y he conocido cientos de estrellas. Quiero que alejes tu mirada de los aspectos negativos en los que tanto te enfocas y observes con cuidado los detalles positivos. En todos estos años, no te habías dado cuenta de que en el tercer planeta de tu órbita has dado lugar a la vida. Hermosas plantas y animales que crecen y juegan en el interior de ese pequeño planeta. Es algo que no había visto en mi recorrido de millones de años por el universo. Si no fuera porque eres exactamente como eres —tu tamaño, tu calor, tu masa, tu brillo—, eso jamás hubiera podido suceder.

La estrella nunca se había detenido a vislumbrar los logros que había alcanzado durante todos esos años.

Entonces comprendió que lo que antes veía como su peor defecto, en realidad era su mayor virtud. Ahora se sentía orgullosa y agradecida por ser quien era. Lo único que cambió en esos momentos fue la perspectiva desde la cual se miraba a sí misma. Dejó de avergonzarse por ser como era.

El cometa se despidió:

—Gracias por dejarme presenciar algo tan maravilloso y nuevo para mí.

Mientras seguía su camino, miró hacia atrás y preguntó:

—Por cierto, ¿cómo te llamas?

Ya con gran orgullo, la estrella le contestó:

—¡Mi nombre es "el Sol"!

Moraleja

Esta breve historia nos brinda una enseñanza: aceptarnos tal y como somos, sabiendo cuáles son nuestros recursos reales, dónde nos encontramos, qué nos gusta y qué no nos gusta. Todo ello nos regala paz interior y claridad, pilares fundamentales para trabajar en nuestro ser. Los deseos se apartan por un momento para mejorar nuestra relación con nosotros mismos. En ocasiones daríamos lo que fuera por ser "como otras personas" en ciertos aspectos de la vida. Al saber dónde nos encontramos y con qué contamos, creamos una base de realidad que pone en sintonía a nuestro mundo interior.

A partir de este punto, agradeciendo nuestra realidad, podemos aprovechar aquello con lo que contamos para hacer de esta una buena vida. Todos tenemos defectos, eso es obvio. Lo que aquí hemos presentado es la manera de mirarlos desde otro ángulo y considerarlos como ventajas. La gratitud es un catalizador de perspectiva. Es decir, ayuda a contemplar de diferentes maneras las situaciones, las personas, los objetos, las emociones y mucho más.

Te invito a leer el siguiente relato sobre mi persona, confío en que te será útil.

Relato

Un aprendizaje personal

Cada año durante toda mi educación primaria, secundaria y preparatoria, al final del ciclo escolar recibía una boleta con mis calificaciones. Además de números, el maestro debía agregar comentarios y observaciones adicionales sobre el alumno. Desde que tengo memoria, cada año recibí el mismo comentario de cada uno de mis profesores: "El alumno es muy inquieto en clase y carece de autocontrol". Incluso solían sacarme del salón. Mis notas siempre fueron muy buenas, por lo que, de hecho, este aspecto no representaba una amenaza para mi proceso de aprendizaje. Sin embargo, cada año intentaba mejorar ese aspecto, algo que mi naturaleza ansiosa e inquieta no me permitía. Año tras año me frustraba recibir el mismo comentario, porque de verdad intentaba no provocarlo. Era una lucha de mi esencia contra una expectativa ajena.

No fue sino hasta la universidad cuando gocé de la libertad de estar o no estar en clase. Enseguida dejé de recibir comentarios de ese tipo. Fui capaz de mirar hacia atrás para comprender que me distraía porque, una vez que entendía los temas con solo prestar atención una vez, me emocionaba mucho el deseo de convivir con mis compañeros. De lo contrario, me aburría. Mi naturaleza inquieta me obligaba a querer hacer otras cosas, a superar otros retos. En cierto momento, incluso consideré recurrir a calmantes. En realidad, lo que me frustraba era intentar ser alguien que no era.

Hoy, lo que una vez llegué a ver como mi mayor defecto, mi pesadilla interna, lo veo como una de mis mayores cualidades. Esa naturaleza me ha dejado hacer muchas cosas en la vida que ahora agradezco infinitamente. Esa naturaleza me levanta temprano a practicar ejercicio la gran mayoría de mis días, me arrastra a estudiar y aprender temas nuevos por instinto, me permitió escribir estas ideas que felizmente comparto y mucho más.

Todos tenemos algo que nos atormenta, algo que nos frustra de nosotros mismos. A ti, ¿qué es lo que te disgusta o te atormenta de ti, de tu carácter, de tu conducta?

Sea lo que sea, comprende que nunca debes sentirte avergonzado de ser quien eres. Si bien hay aspectos que no controlas, tienes la capacidad de usar la cabeza y determinar qué tanto te afecta que así sea. Mira esos defectos desde otra perspectiva y úsalos a tu favor. No dejes que te arrastren y te lleven hacia abajo. No permitas que guíen tu vida hacia los abismos. Úsalos a tu favor. Recuerda que todos esos miedos, preocupaciones, frustraciones, tormentas, únicamente existen en tu mente. En ti está darle la vuelta al juego y el primer paso es agradecer que somos quienes somos hoy: agradecer que somos tal y como somos. No como excusa para no hacer un esfuerzo, sino todo lo contrario: como punto de partida para trabajar en una mejor versión de nosotros mismos. Más y mejor de una sola materia prima.

El propósito de estos relatos es traer a la mesa una idea que resulta muy útil si se aplica correctamente. La idea consiste en mirar todo como una moneda. Cada aspecto de la vida es una moneda metafórica y, como ocurre con cualquier moneda, todo vive en una dualidad. Todo tiene un contraste. Todo se puede ver de un lado o de otro. Son asombrosos los resultados que este concepto tan sencillo puede lograr en las situaciones de la vida diaria. Si entendemos y sabemos utilizar esta moneda, se convierte en una poderosa forma de gratitud. No tenemos mucho control sobre las situaciones externas, pero sí podemos controlar gran parte del impacto que ejercen sobre nosotros. Si queremos alcanzar este control, debemos aprender a aceptar, a dejar ir, a soltar aquello que objetivamente no podemos controlar. Los problemas llegarán tarde o temprano, nadie está exento de ellos. Si aceptamos esta realidad, nos quitaremos un peso de encima que nosotros mismos nos hemos impuesto, llámese estrés, preocupación o ansiedad.

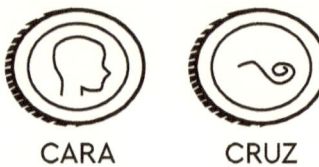

CARA   CRUZ

Ejemplo

Utilicemos un ejemplo. Veamos cómo funciona esta idea y cómo podemos ponerla en práctica. Digamos que esta noche vamos a ver a unos amigos y estos invitaron a un grupo de amigas. Es probable que alguna de ellas nos guste, por lo que nos arreglamos para vernos bien. Mientras nos rasuramos, de repente nos cortamos con el rastrillo. A nadie le gusta esta situación. El concepto entra en práctica con el primer lado que vemos de la moneda, el instantáneo. El lado 1 (cara) representa el procesamiento de la situación, el verla desde otra perspectiva intentando hacerla positiva, objetiva o razonable, y el lado 2 (cruz) es un símbolo de alerta que representa la detonación de alguna emoción. En este caso, y por lo general, el primero que viene a mi mente es el 2, detonar sentimientos de ansiedad y estrés. Cuando esto sucede, pensamos cosas como: nos vamos a ver feos, eso nos pasa por apurarnos, se arruinó nuestra noche, qué hago para taparlo, es culpa de mi vecino por poner la música tan fuerte, etc. Digamos que po-demos oler el apodo "caracortada" a kilómetros de distancia.

Bien, sentir eso es positivo; los sentimientos que se provo-can sirven como recordatorio de que somos nosotros quienes los hemos detonado en nuestra mente, no la situación. Ha-blamos en especial de los negativos. El objetivo es entender cómo la misma situación puede ser visualizada desde más de una perspectiva. ¿Qué sucedería si viéramos nuestras circuns-tancias como oportunidades?

Aquí está la ventaja de ver el otro lado, en este caso, el 1. Irónicamente, se trata de la cara, que representa la razón, el procesamiento. Después de un par de respiraciones profun-das, esta cara surge cuando usamos nuestro poder mental para ver el otro lado de la situación y convertir el sentimiento actual en uno constructivo, uno concebido con la cabeza más fría. En lugar de llegar con negatividad o amargura a una cita, dar con otra forma de enfrentar el percance. Por ejemplo, utilizarlo como una forma de romper el hielo y reírnos de la situación. En vez de permitir que eso nos atormente (pensan-do "se están burlando de nosotros, seguro nos vemos feos", etc.), ver el lado jocoso del asunto. Es agradable quien sabe reírse de sí mismo y no ser perfecto es una cualidad bien re-cibida. Probablemente esta cortada sea nuestro boleto para demostrar que sabemos abordar las situaciones adversas, verles el lado positivo, y tal vez eso le agrade a las señoritas...

Hemos ejemplificado que, con solo saber procesar la situación, todo dio un giro de 180 grados. Es preciso identificar y analizar, águila o sol. Y resolver… La situación pasó de ser una desgracia a una noche agradable. Agradezco esta oportunidad de aprender, de crecer.

Reforzando…

Citando de nuevo a Marco Aurelio, él estaría de acuerdo con esta idea, lo cual se deduce por la meditación número 47 de su octavo libro *Meditaciones:* "Si estás angustiado por algo externo, el dolor no se debe al asunto en sí, sino a cómo lo estimas tú, y esto tienes el poder de revocarlo en cualquier momento". [75]

Lo increíble es que lo aprendido no solo sirve para cambiar las situaciones negativas a positivas. También nos permite hacer lo opuesto: entender que a veces las situaciones positivas pueden ser en verdad negativas. Todo con el fin de construir una mejor versión de nosotros. No solo lo malo a bueno, también lo que parece bueno se puede mirar de otro ángulo.

Ejemplo

Un ejemplo muy fácil y rápido es: lado 2, águila o cruz (instantáneo): unos padres que consienten mucho a su hijo, le dan dinero y libertades, todo proveniente de buena fe con el fin de ahorrarle sufrimiento. Es bueno, a todos nos gustaría vivir así. Lado 1, sol o cara (procesado/a): quizá esas comodidades lo están privando de sufrimientos que forjarán su carácter e independencia en el mundo real. En tiempos prolongados, tener comodidades y pocas responsabilidades puede ser muy perjudicial.

Cambio de perspectiva

El concepto cara o cruz, águila o sol, va de la mano con nuestro tema principal, de ahí su importancia. Regresemos al ejemplo del rastrillo. Es probable que al usar esta filosofía nuestro sujeto caracortada agradezca aquel descuido. Posiblemente años después se dará cuenta de que ese fue el primer paso para su matrimonio, pues esa noche conoció a esa persona especial. Esta fue la llave de la felicidad que encontró sabiendo agradecer lo que le ocurrió. Toda situación difícil que enfrentamos con coraje, nos forma y nos hace mejores.

Cambiar la perspectiva de las situaciones no es tarea fácil; quizá sea de las más difíciles en cuanto a manejo de sentimientos y pensamientos. Implica usar la razón ante los impulsos y sentimientos que surgen como reacción natural. Pensar como un tercero u otra personalidad para analizar situaciones y contraponerlas. Nadie domina sus sentimientos y emociones por completo. Sin embargo, no está de más agradecer quiénes somos. Usar esto a nuestro favor para mejorar la magnitud de alteración sobre nuestra razón y las consecuencias que una circunstancia fortuita brinda.

Un cierre agradecido

Todos los libros, artículos, pláticas y videos que hablan sobre un concepto específico comienzan por describirlo. Otorgan una definición concreta, ya sea creada por ellos o expuesta por otro autor, comenzando con las frases "primero, veamos qué es X" o "qué significa Y", o bien, recurriendo a la etimología.

Si hemos puesto atención, notaremos que aquí, a pesar de orbitar alrededor de un tema muy específico, nunca proponemos una descripción completa del que creemos que debe ser su significado. La gratitud es muchas cosas, de modo que dejamos a consideración de cada lector interpretar lo que representa individualmente. Cada quien decide qué significa en su vida, pues la gratitud es más que un solo concepto.

Tú decides cómo y cuánto quieres que influya en tu vida, por lo que tu definición queda totalmente a tu juicio. Una herramienta, una palabra, un sentimiento, una perspectiva, una virtud, un camino, un propósito; tú decides. La gratitud puede ser muchas cuestiones a la vez, es compleja. Al final

—así como tú decidiste llegar hasta este punto en la lectura—, queda en ti determinar cuánto de esta información querrás retener u olvidar, cuánto volver a leer, recomendar, ignorar o aplicar. Si decides todo eso, ¿por qué no decidir lo que significa en tu vida ahora que has leído todo lo que significa para mí?

Date la oportunidad de intentarlo. Se dice que la verdadera ignorancia está en hacer lo mismo todos los días y esperar resultados diferentes. Si queremos mejorar los resultados, me temo que debemos intentar algo nuevo. Sería ridículo ver a un físico en un laboratorio realizando exactamente el mismo experimento una y otra vez, a la espera de que algo diferente suceda.

Las ideas que exploramos no son preceptivas. Toda recomendación es eso, una propuesta. Nada busca juzgarte, solo tú puedes hacer eso ya que solo tú decides qué hacer con tu vida. No queremos decirte en qué estás o no estás bien. Estas propuestas buscan inspirarte, lo que suceda después depende de ti.

Ideas principales y aspectos que rescatar

- Siempre hay algo que agradecer.

- Nuestra existencia es altamente improbable y aun así, aquí estamos.

- La ciencia respalda los beneficios de ser agradecido.

- Siempre hay una mejor versión de nosotros.

- La perspectiva juega un rol muy importante.

- Lo increíble del mundo actual es resultado de muchos esfuerzos del pasado.

- Procuremos vivir con más sentido y propósito, vale mucho la pena.

- Es importante ser agradecido, pero más aún, no ser ingrato.

- La mente suele traicionarnos, la gratitud amortigua los pensamientos.

- El universo nunca dejará de asombrarnos.

- Tú decides qué lugar darle a la gratitud en tu vida.

Gracias a ti por llegar hasta aquí. Agradezco profundamente que hayas leído estas páginas y espero que algo te sea útil. Y si solamente saltaste hasta el final, también agradezco tu interés.

Como muestra de agradecimiento por haber llegado hasta aquí, he plantado un mensaje oculto dentro del libro. Hay una letra subrayada en la primera hoja de cada uno de los 13 capítulos. Si lo deseas, búscalas y descifra un recordatorio muy importante. Aquí podrás escribirlo:

___ ___ ___ ___ ___ ___ ___ ___ ___ ___ ___

¿Estás convencido/a? ¿Siempre hay algo que agradecer? ¿No? Entonces, empieza a leer el libro de nuevo. ¿Qué opinas? La gratitud puede ser algo compleja, cierto, pero a la vez muy sencilla.

Referencias

Capítulo 1

1. Cicero, M. T., y W. Miller. (1947). *De officiis*. W. Heinemann.
2. Homero. *La Odisea*.
3. *Troya*. (2004). Película de Wolfgang Petersen.

Capítulo 2

4. https://exoplanets.nasa.gov/alien-worlds/historic-timeline/#-first-exoplanets-discovered
5. https://www.esa.int/Science_Exploration/Space_Science/Herschel/How_many_stars_are_there_in_the_Universe
6. https://solarsystem.nasa.gov/solar-system/beyond/overview/#:~:text=Our%20Milky%20Way%20galaxy%20is,solar%20system%20within%20the%20galaxy!
7. https://www.9news.com.au/technology/earth-unlike-all-other-700-quintillion-planets-in-the-universe-study-finds/83969a74-0888-4b7c-ae3c-6cb234ea6668
8. https://www.businessinsider.com/infographic-the-odds-of-being-alive-2012-6?r=MX&IR=T
9. http://blogs.harvard.edu/abinazir/2011/06/15/what-are-chances-you-would-be-born/
10. https://www.organism.earth/library/document/you-are-not-what-you-look-like)

Capítulo 3

11. https://www.thetealmango.com/featured/most-expensive-}things-in-the-world/)
12. https://science.nasa.gov/science-news/science-at-nasa/1999/prop12apr99_1#:~:text=Right%20now%2C%20antimatter%20is%20the,(%241.75%20quadrillion%20an%20ounce).

13. https://biosphere2.org/about/about-biosphere-2

14. https://www.pbs.org/wgbh/americanexperience/features/ moon-earth-moon/#:~:text=%22We%20came%20all%20 this%20way,view%20over%20the%20moon's%20horizon.

15. https://www.bbc.com/mundo/noticias-46620324

Capítulo 4

16. Berger, Warren. *A more beautiful question.*

17. Corán, 14:7.

18. https://philarchive.org/archive/SFEAGI

19. https://www.youtube.com/watch?v=w3ZRLllWgHI

20. *Kung fu panda.* (2008). Película de Mark Osborne y John Stevenson.

21. Hays, Gregory. (2003). *Meditations Marcus Aurelius.* Modern Library.

Capítulo 5

22. Ma, L.K., Tunney, R.J., y Ferguson, E. (2017). Does gratitude enhance prosociality? A meta-analytic review. *Psychological Bulletin*, 143(6). 601–635. https://doi. org/10.1037/bul0000103)

23. Krumrei-Mancuso, E.J. (2017). Intellectual humility and prosocial values: Direct and mediated effects. *The Journal of Positive Psychology*, 12(1), 13-28. https://doi.org/10.1080 /17439760.2016.1167938)

24. Bono, G., Froh, J.J., Disabato, D.J., Blalock, D., McKnight, P. y Bausert, S. (2017). Gratitude's role in adolescent antisocial and prosocial behavior: A 4-year longitudinal investigation. *The Journal of Positive Psychology*, 9760(December), 1–13. https://doi.org/10.1080/17439760 .2017.1402078)

25. Emmons, R.A. y McCullough, M.E. (2003). Counting blessings versus burdens: An experimental investigation of gratitude and subjective well-being in daily life. Journal of

Personality and Social Psychology, 84(2), 377–389. https://doi.org/10.1037/0022-3514.84.2.377

26. Emmons, R.A. y McCullough, M.E. (2003). Counting blessings versus burdens: An experimental investigation of gratitude and subjective well-being in daily life. Journal of Personality and Social Psychology, 84(2), 377–389. https://doi.org/10.1037/0022-3514.84.2.377

27. McCullough, M.E., Emmons, R.A. y Tsang, J. The grateful disposition: a conceptual and empirical typology. *J Pers Soc Psychol.* 2002, 82:112–127

28. Hill, P.L., Allemand, M. y Roberts, B.W. (2013). Examining the pathways between gratitude and self-rated physical health across adulthood. *Personality and Individual Differences*, 54(1), 92-96. https://doi.org/10.1016/j.paid.2012.08.011

29. Krause, N. y Hayward, R.D. (2014). Hostility, Religious Involvement, Gratitude, and Self-Rated Health in Late Life. *Research on Aging*, 36(6), 731-752. https://doi.org/10.1177/0164027513519113

30. Hill, P.L. y Allemand, M. (2011). Gratitude, forgiving-ness, and well-being in adulthood: Tests of moderation and incremental prediction. *The Journal of Positive Psychology*, 6(5), 397–407. https://doi.org/10.1080/17439760.2011.602099

31. Hill, P.L., Allemand, M. y Roberts, B.W. (2013). Examining the pathways between gratitude and self-rated physical health across adulthood. *Personality and Individual Differences*, 54(1), 92-6. https://doi.org/10.1016/j.paid.2012.08.011

32. Brydon, L., Walker, C., Wawrzyniak, A.J. y Steptoe, A. Dispositional optimism and stress-induced changes in immunity and negative mood. *Brain Behav Immun.* 2009, 23(6), 810–816.

33. Heubeck, E. Boost your health with a big dose of gratitude. WebMD. http://women.webmd.com/features/gratitute-health-boost. Recuperado el 9 de octubre de 2009.

34. Mills, P.J., Redwine, L.S., Wilson, K., Pung, M.A., Chinh, K., Greenberg, B.H., ... Chopra, D. (2015). The role of gratitude in spiritual well-being in asymptomatic heart failure patients. *Spirituality in Clinical Practice*, 2(1), 5-17. https://doi.org/10.1037/scp0000050

35. Wood, A.M., Joseph, S., Lloyd, J. y Atkins, S. (2009). Gratitude influences sleep through the mechanism of pre-sleep cognitions. *Journal of Psychosomatic Research*, 66(1), 43-48. https://doi.org/10.1016/j.jpsychores.2008.09.002

36. Ma, L.K., Tunney, R.J., y Ferguson, E. (2017). Does gratitude enhance prosociality? A meta-analytic review. *Psychological Bulletin*, 143(6), 601-635. https://doi. org/10.1037/bul0000103

37. https://positivepsychology.com/neuroscience-of-gratitude/

38. www.happierhuman.com/benefits-of-gratitude/

Capítulo 6

39. Emmons, R.A. y McCullough, M.E. (2003). Counting blessings versus burdens: An experimental investigation of gratitude and subjective well-being in daily life. *Journal of Personality and Social Psychology*, 84(2), 377–389. https:// doi.org/10.1037/0022-3514.84.2.377

40. Don Quijote de la Mancha (Segunda parte , Capítulo LI [2 de 3]) https://cvc.cervantes.es/literatura/clasicos/quijote/edicion/parte2/cap51/cap51_02.htm#:~:text=Escribe%20 a%20tus%20se%C3%B1ores%20y,y%20de%20 contino%20le%20hace.

41. *Tao Te Ching*.

42. https://www.jstor.org/stable/24594342

43. https://proverbia.net/cita/942-tengo-tres-perros-peligrosos-la-ingratitud-la-so

44. *La Biblia*. Lucas [17,11-19].

Capítulo 7

45. https://healthybrains.org/datos-sobre-el-cerebro/?lang=es

46. https://financialpost.com/entrepreneur/three-techniques-to-manage-40000-negative-thoughts#:~:text=We%20produce%20up%20to%2050%2C000,for%20any%20person%20or%20entrepreneur.

47. https://ourworldindata.org/mental-health#:~:text=It's%20estimated%20that%20970%20million,4%20percent%20of%20the%20population.

48. https://en.wikisource.org/wiki/Moral_letters_to_Lucilius/Letter_13

49. Jung, Carl Gustav. (2010, 2019). *El Libro rojo* (Tercera edición). Edición en castellano. Traducción: Romina Scheuschener y Valentín Romero, dirección Laura S. Carugati, supervisión Bernardo Nante. Colección Catena Aurea. Editorial El hilo de Ariadna. Malba y Fundación Costantini

50. Tomado de la publicación El cuerpo es el reflejo de las emociones y los pensamientos, McGraw Hill, 22 de abril de 2020.

Capítulo 8

51. https://www.iop.org/explore-physics/physics-around-you/technology-our-lives/bluetooth#gref

52. https://www.behance.net/gallery/37796861/The-Stray-Birds-by-Rabindranath-Tagore-16

53. https://www.jstor.org/stable/44798119

Capítulo 9

54. https://www.telam.com.ar/notas/201907/373134-la-rotacion-laboral-los-centennials-duran-un-promedio-de-8-meses-en-los-trabajos.html

55. https://clubdeescritura.com/perfil/101582/macius/#folder-13662

56. https://www.nationalgeographic.com/magazine/article/the-science-of-why-you-have-great-ideas-in-the-shower

57. https://www.cdc.gov/ncbddd/adhd/data.html

58. https://time.com/3537814/muhammad-ali-deadhistory/
#:~:text=When%20Muhammad%20Ali%20was,%E2%80
%9CThe%20Greatest%E2%80%9D%20Is%20Gone.

59. Nietzsche, Friedrich. (1889). *Twilight of the Idols: 'maxims and arrows'.*

Capítulo 10

60. Hays, Gregory. (2003). *Meditations Marcus Aurelius.* Modern Library.

61. Stearns, Maureen. (2004). *Conscious Courage: Turning Everyday Challenges into Opportunities.* Quote Page 15, Enrichment Books, Seminola, Florida (Google Books Preview).

62. Kierkegaard, Søren. (1844). *El concepto de la Angustia.*

63. Kierkegaard, Søren. *Journals and Papers.* Indiana University Press. ISBN 0-253-18240-9.

64. https://rightasrain.uwmedicine.org/mind/stress/why-deep-breathing-makes-you-feel-so-chill

65. Mahatma Gandhi, *Open Your Mind, Open Your Life: A Book of Eastern Wisdom.*

Capítulo 11

66. http://conocimientosfundamentales.rua.unam.mx/filosofia/Text/104_tema_06_6.2.2.html

67. https://es.statista.com/estadisticas/962925/paises-con-mayor-numero-de-divorcios/

68. https://www.statista.com/statistics/203734/global-smartphone-penetration-per-capita-since-2005/#:~:text=The%20global%20smartphone%20penetration%20rate,population%20of%20around%207.4%20billion.

69. https://journals.sagepub.com/doi/10.1177/194855061665
1681#bibr3-1948550616651681

70. Grant, A. M., y Gino, F. (2010). A little thanks goes a long way: Explaining why gratitude expressions motivate prosocial behavior. *Journal of Personality and Social Psychology*, 98(6), 946-955.

Capítulo 12

71. https://www.bbc.com/future/article/20160223-why-do-the-british-say-sorry-so-much

72. https://www.forbes.com/sites/forbescoachescouncil/2021/05/04/why-over-apologizing-can-destroy-your-confidence-at-work-and-how-to-avoid-it/?sh=119551113166

73. https://www.nydailynews.com/news/national/article-1.2791950

Capítulo 13

74. Hays, Gregory. (2003). *Meditations Marcus Aurelius.* Modern Library.

75. Hays, Gregory. (2003). *Meditations Marcus Aurelius.* Modern Library.